경북의 종가문화 45

실천으로 꽃핀 실사구시의 가풍,
고령 죽유 오운 종가

기획 | 경상북도 · 경북대학교 영남문화연구원
지은이 | 박원재
펴낸이 | 오정혜
펴낸곳 | 예문서원

편집 | 유미희
디자인 | 김세연
인쇄 및 제본 | 주) 상지사 P&B

초판 1쇄 | 2017년 8월 21일

주소 | 서울시 성북구 안암로 9길 13(안암동 4가) 4층
출판등록 | 1993년 1월 7일(제307-2010-51호)
전화 | 925-5914 / 팩스 | 929-2285
홈페이지 | http://www.yemoon.com
이메일 | yemoonsw@empas.com

ISBN 978-89-7646-373-9 04980
ISBN 978-89-7646-368-5 (전6권)

값 21,000원

실천으로 꽃핀 실사구시의 가풍,

고령 죽유 오운 종가

경북의 종가문화 연구진

연구책임자	정우락(경북대 국문학과)
공동연구원	황위주(경북대 한문학과)
	조재모(경북대 건축학부)
종가선정위원장	황위주(경북대 한문학과)
종가선정위원	이수환(영남대 역사학과)
	홍원식(계명대 철학윤리학과)
	정명섭(경북대 건축학부)
	배영동(안동대 민속학과)
	이세동(경북대 중어중문학과)
종가연구팀	김위경(영남문화연구원 연구원)
	이상민(영남문화연구원 연구원)
	이재현(영남문화연구원 연구원)
	최은주(영남문화연구원 연구원)
	황명환(영남문화연구원 연구보조원)
	전설련(영남문화연구원 연구보조원)

축간사

경상북도에서 『경북의 종가문화』 시리즈 발간사업을 시작한 이래, 그간 많은 분들의 노고에 힘입어 어느새 46권의 책자가 발간되었습니다. 본 사업은 더 늦기 전에 지역의 종가문화를 기록으로 남겨 후세에 전해야 한다는 절박함에서 비롯되었습니다. 이제는 성과물이 하나하나 결실로 맺어져 지역을 알리는 문화자산으로 자리 잡아가고 있어 300만 도민의 한 사람으로서 무척 보람되게 생각합니다.

경상북도 신청사가 안동 · 예천 지역에 새로운 자리를 마련하여 이전한 지도 일 년이 훌쩍 넘었습니다. 유구한 전통문화의 터전 위에 웅도 경북이 새로운 천년千年을 선도해 나가는 계기가 될 것이라 확신합니다. 그리고 옛것의 가치를 소중히 하는 경북 전통문화의 중심에는 종가宗家가 있습니다. 우리 도에는 240여 개소에 달하는 종가가 고유의 문화를 온전히 지켜오고 있어 우리나라 종가문화의 보고寶庫라고 해도 과언이 아닙니다.

하지만 최근 산업화와 종손 · 종부의 고령화 등으로 인해 종가문화는 급격히 훼손 · 소멸되고 있는 실정입니다. 이에 경상북도에서는 종가문화를 보존 · 활용하고 발전적으로 계승하기 위해 2009년부터 '종가문화 명품화 사업' 을 추진해 오고 있습니다. 그간 체계적인 학술조사 및 연구를 통해 관련 인프라를 구축하고, 명품 브랜드화 하는 등 향후 발전 가능성을 모색하기 위해 노력하고 있습니다.

경북대학교 영남문화연구원을 통해 2010년부터 추진하고 있는 『경북의 종가문화』 시리즈 발간도 이러한 사업의 일환입니다. 도내 종가를 대상으로 현재까지 『경북의 종가문화』 시리즈 46권을 발간하였으며, 발간 이후 관계문중은 물론 일반인들로부터 큰 호응을 얻고 있습니다. 이들 시리즈는 종가의 입지조건과 형성과정, 역사, 종가의 의례 및 생활문화, 건축문화, 종손과 종부의 일상과 가풍의 전승 등을 토대로 하여 일반인들이 쉽고 재미있게 읽을 수 있는 교양서 형태의 책자 및 영상물(DVD)로 제작되었습니다. 내용면에 있어서도 철저한 현장조사를 바탕으로 관련분야 전문가들이 각기 집필함으로써 종가별 특징을 부각시키고자 노력하였습니다.

이러한 노력으로, 금년에는 청송 불훤재 신현 종가, 군위 경재 홍로 종가, 의성 회당 신원록 종가, 안동 유일재 김언기 종가, 고령 죽유 오운 종가, 봉화 계서 성이성 종가 등 6곳의 종가를 대상으로 시리즈 6권을 발간하게 되었습니다. 비록 시간과 예산상의 제약으로 말미암아 몇몇 종가에 한정하여 진행하고 있으나, 앞으로 도내 100개 종가를 목표로 연차 추진해 나갈 계획입니다. 종가관련 자료의 기록화를 통해 종가문화 보존 및 활용을 위한 기초자료를 제공함은 물론, 일반인들에게 우리 전통문화의 소중함과 우수성을 알리는 데 크게 도움이 될 것으로 확신합니다.

한국의 종가는 수백 년에 걸쳐 지역사회의 구심점이자 한국 전통문화의 상징으로서의 역할을 묵묵히 수행해 왔으며, 현대사회에 있어서도 유교적 가치와 문화에 대한 재조명에 주목하고 있는 상황입니다. 그 바탕에는 종가문화를 올곧이 지켜온 종문宗門의 숨은 저력이 있었음을 깊이 되새기고, 이러한 정신이 경북의 혼으로 승화되어 세계적인 정신문화로 발전해 나가길 진심으로 바라는 바입니다.

앞으로 경상북도에서는 종가문화에 대한 지속적인 조사・연구 추진과 더불어, 종가의 보존관리 및 활용방안을 모색하는 데 적극 노력해 나갈 것을 약속드립니다. 이를 통해 전통문화를 소중히 지켜 오신 종손・종부님들의 자긍심을 고취시키고, 나아가 종가문화를 한국의 대표적인 고품격 한류韓流 자원으로 정착시키기 위해 더욱 힘써 나갈 계획입니다.

끝으로 이 사업을 위해 애쓰신 정우락 경북대학교 영남문화연구원장님과 여러 연구원 여러분, 그리고 집필자 분들의 노고에 진심으로 감사드립니다. 아울러, 각별한 관심을 갖고 적극적으로 협조해 주신 종손・종부님께도 감사의 말씀을 드립니다.

2017년 8월 일

경상북도지사 김관용

지은이의 말

1617년(광해 9) 3월 3일(음력) 조선의 사대부 한 사람이 생을 마감하였다. '짐은 무겁고 가야할 길은 먼[任重而道遠]', 선비의 처세로 일관한 일흔여덟 해의 생애였다. 조선중기 영남학파의 양대 봉우리인 남명과 퇴계의 문하에 차례로 들어 선비로서의 삶의 요체를 익혔고, 또 그것을 현실에서 부단히 실천하며 산 일생이었다. 그 과정에서 높은 벼슬에는 오르지 못했지만 그렇다고 자리에 연연하지도 않은 삶이었다. 그러하기에 임금 광해光海(1575-1641, 재위 1608-1623)는 예관을 보내 치제致祭하였고, 사림은 다투어 만사輓詞를 내어 추모하였다.

뒷날 그가 영주의 산천서원山泉書院에 제향될 때 후학 한 사람은 그의 이런 생애와 사람됨을 다음과 같은 간결한 문장으로 정리하였다(이수정李守定, 「상량축문上樑祝文」, 『죽유선생문집』).

으뜸 되는 스승의 훌륭한 제자요,	宗師賢弟
맑은 조정의 충성스런 신하셨네.	淸朝藎臣
빛나는 문장과 덕행의 업적,	文章德業
후세에 영원히 드리웠네.	永垂後人

우뚝한 두 스승의 문하에서 차례로 배웠고, "학문에 뛰어남이 있으면 벼슬에 나아가 뜻을 펴라[學而優則仕]"는 말을 실천하듯 그 배움에 성취가 있자 관직에 나아가 사심없이 일했으며, 품격 있는 문장과 어진 덕행은 만세에 길이 이어져 사표가 되었다는 추모이다.

이들이 기린 유학자 죽유竹牖 오운吳澐(1540-1617)은 이 헌사에서도 언급되고 있듯이, 조선의 성리학자로서는 드물게 퇴계와 남명 두 문하에 들었던 유학자이다. 큰 스승들에게서 배운 공부를 바탕으로 그는 평생을 자신을 위한 삶보다 공동체와 남을 위한 삶으로 일관하였다. 그런 모습은 임진왜란이라는 미증유의 국난을 당해서는 신분의 고하에 개의치 않는 헌신적인 의병활동과 관직수행으로 나타났고, 전쟁 뒤에는 다시 역사와 민족의 앞날을 염려하는 올곧은 사필史筆로 구현되었다.

그런가하면 그는, 늦은 봄날 벗들과 함께 냇가에서 목욕하고 시를 읊조리며 돌아오는 삶이 로망이라고 한 제자의 말에 기다렸다는 듯 덥석 호응했던 공자처럼, 타고난 시감詩感을 통해 자유분방한 풍류를 꿈꾸었던 개방적인 영혼의 소유자이기도 했다. 유학자이면서도 도교와 불교적 정취에도 조예가 깊은 시들을 많이 남긴 것이 이를 말해준다.

이 모든 것들은 그가 유교적 이념에 충실한 성리학자였지만, 그것을 사상적 교조敎條로 허겁지겁 바투 끌어안기보다는 현실의 삶을 인도하는 열린 지남指南으로 받아들였기 때문에 가능했던 일로 보인다. 이 점에서 그에게는 모든 학문은 현실의 구체성을 그 사유의 발판으로 삼을 때 생명력을 지닐 수 있다는 유교 본연의 실사구시 정신이 온전히 흐르는 듯하다. 현존하는 우리나라 최초의 읍지로 평가받는, 자기 고향의 지방지 편찬에 발 벗고 나선 것도 아마 이와 같은 문제의식의 발로였을 것이다.

'술 향기는 백 리를 가고, 꽃 향기는 천 리를 가며, 사람의 향기는 만 리를 간다' 는 말이 있다. 고령 미숭산 자락 아래 안림천변에는 그가 남긴 그런 삶의 향기를 지금도 이어가고 있는 종가가 있다. 영남의 불천위 종가 죽유 오운 종가이다. 그곳에는 중앙정치의 풍랑으로 좌절을 맛보았는가 하면 지역사회와 함께 호흡함으로써 그 어려움을 딛고 다시 일어섰으며, 이어진 국망國亡의 현실 앞에서는 집안과 일신의 안위를 돌보지 않고 공을 위해 사를 버렸던 사람들의 이야기가 있다. 올해로 서세逝世 400주기를 맞는 종가의 개창자 죽유 오운 선생을 추념하며 그 이야기 속으로 들어가 보자.

2017년 6월

강릉 용금정길 우거寓居에서

박원재

차례

제1장 죽유종가의 연원과 형성 과정

1. 종가란 무엇인가

'종가宗家'란 무엇인가? 사전을 펼치면 "한 문중에서 맏이로만 이어온 큰집"이라는 풀이가 나온다. 그러면 '문중門中'은 또 무엇을 가리킬까? 마찬가지로 사전에서는 "공동의 조상을 지닌 자손들로 이루어져 조상의 제사를 목적으로 조직된 부계 혈연집단"이라고 설명한다. 따라서 이 둘을 합치면 종가란 사전적 의미로 "공동의 조상을 지닌 자손들로 이루어져 조상의 제사를 목적으로 조직된 하나의 부계 혈연집단에서 맏이로만 이어온 큰집"이라는 뜻이 된다.

'백세불천百世不遷'과 '오세즉천五世則遷'. 예로부터 종가의 이와 같은 문화학적 의미를 한 마디로 정리해주던 문구이다. 유교적 예법에 따를 때, 제사에서 모시는 신주神主의 위상에 따라 모든 가문은 두 부류로 나뉜다. 하나는 '백세불천', 즉 백세가 지나더라도 제사에서 중심이 되는 신주가 바뀌지 않는 가문이다. 종가에 대한 앞의 정의에서 '부계 혈연집단에서 맏이로만 이어온 큰집'에서 지내는 제사가 곧 이에 해당한다.

하나의 문중이 태동했을 때 거기에는 필연적으로 이후 피라미드처럼 뻗어나갈 후손들의 공동조상이 되는 시조始祖가 있게 마련이다. 그리고 그 후손들 가운데는 시조에서 시작하여 맏아들에서 맏아들로 이어지는 혈연 계통도 당연히 형성된다. 그런데 종법宗法제도에 의거할 때, 이 계통은 대대로 시조의 제사를 모실 자격을 지니는 이른바 봉사손奉祀孫의 위상을 전유專有한다. 이 때문에 이 계통으로 이어지는 가문에서는 백세가 지나더라도 시조의 신주가 부동의 중심으로서의 위상을 손상받지 않는다. 이 가문이 바로 앞의 정의에 부합하는 종가이다.

한편, 공동 조상의 후손들 가운데는 맏아들 라인이 아닌 계통, 다시 말해 방계傍系로 이어지는 계통도 있게 마련이다. '백세불천'과 달리 '오세즉천'은 바로 이들 방계 가문들의 제사에 적용되는 예법이다. 글자 그대로 오세가 지나면 제사에서 중심이 되는 신주가 옮겨진다는 의미이다. 그러니까 어느 단계에서 갈라져 나왔든 방계 가문의 경우, 주손胄孫을 기준으로 위로 5대가 넘어가는 조상 즉 고조高祖의 바로 윗대에 해당하는 현조玄祖의 신위부터는 제사 대상에서 제외된다는 것을 규정한 말이다. 이런 까닭에 이 오세즉천의 상황은 한 가문에 있어 매 세대마다 발생한다. '오세'를 셈하는 기준은 해당 가문의 봉사손에 해당하는 주손인데, 그 주손은 매 세대마다 1대씩 내려가기 때문이다. 이것이 우리에게 너무나 익숙한 '사대봉사四代奉祀', 즉 제사는 자신으로부터 위로 4대(주손까지 포함하면 총 오세)까지만 지낸다는 예법의 근거가 되는 규정이다.

종가문화의 근간을 이루는 이 '백세불천'과 '오세즉천' 제도의 연원은 깊다. 그것은 멀리 종법제도의 원형이 형성되는 중국 주周나라 초기까지로 거슬러 올라간다. 주나라가 건국된 것이 대략 기원전 11세기이니까 얼추 계산해도 종가문화의 역사는 3천 년을 훌쩍 넘어버리는 것이다. 그러나 이 종가문화의 원형을 이루는 주나라의 종법제도는 지금 우리가 알고 있는 것처럼 한 문중의 혈연적 적통을 보장해주기 위해 고안된 제도가 아니었다. 그보다 이것은 주나라 왕족 내부의 왕위 계승이라는 정치적 적통성을 확실히 하기 위해 만들어진 정책적 고려의 산물이었다.

왕조시대는 특별한 사정이 없는 한 하나의 성씨가 왕위를 독점한다. 그런 상황에서 왕조의 안정적 운영은 외부적 우환에 대한 대비 못지않게 왕실 내부 구성원의 서열을 분명히 함으로써 왕위 계승에 분란이 생기지 않도록 하는 것 또한 매우 중요하다. 이러한 고려에서 등장한 것이 곧 '왕족들의 큰집', 즉 '종가'의 개념이다. 이 구조에서 왕실의 맏아들은 내부적으로 가문을 대표하는 '종자宗子' 이면서 동시에 외부적으로 '왕王' 이 되는 이중 신분을 획득한다. 이것이 바로 종가문화의 시발점이다. 애초에 정치적 목적으로 고안된 종법제도가 이후 중국의 춘추전국시대를 거치며 대부大夫와 사士로 대표되는 일반 통치계층의 문화로 하향 확산되면서 오늘날 종가문화의 원형이 형성되기에 이른 것이다.

동아시아 역사에서 처음 등장하는 유교국가인 중국 한漢나라 때, 당시까지 통용되던 각종 유교적 제도들의 연원과 기능, 의미 등을 종합적으로 정리한 일종의 문화사대계인 『백호통의白虎通議』에서는 이와 같은 연원을 지닌 '종가' 의 기능과 의미에 대해 이렇게 설명하고 있다.

> '종宗' 이란 무엇을 말하는가? '종' 은 '존숭하다' 는 뜻이다. 조상을 섬기는 일에 주인이 되는 자는 종족 구성원들로부터 존숭의 대상이 된다. 『예禮』에서는 "종자宗子에게 일이 생기면 종족 구성원들이 모두 와서 거든다." 라고 하였다. 옛날에도 반드시 종宗이 있었는데, 그 이유는 무엇인가? 종족 사이의 화목을 기르기 위함이다. 대종大宗은 소종小宗을 거느릴 수 있고, 소종은 여러 동생들을 거느릴 수 있다. 그들은 가지고 못 가진 것을 서로 교류함으로써 종족의 질서를 규율한다. 시조의 후

손을 종으로 하면 대종이 되니, 백세를 거치더라도 변하지 않는 종이 된다. 고조의 후손을 종으로 하면 5세대가 지나면 옮겨진다. 그러므로 "조祖는 위에서 옮겨지고, 종宗은 아래에서 바뀐다."라고 하는 것이다.

여기서 "조祖는 위에서 옮겨지고, 종宗은 아래에서 바뀐다."라는 말은 소종의 경우 5세가 지나면 위로는 대수가 가장 높은 조상의 신주가 교체되고 아래로는 봉사손인 주손이 새로 등장함을 가리킨다.

그러나 이상과 같은 풀이만으로는 종가의 의미가 명확히 드러나는 것은 아니다. 왜냐하면 지금까지의 설명대로라면 각 문중의 시조는 한 사람인 만큼 종가의 수 또한 제한적일 수밖에 없기 때문이다. 하지만 현실에서는 본관을 같이 하는 성씨에서조차 여럿의 종가가 있는 것이 다반사이다. 공동의 조상은 분명 하나일 터인데, 하나의 씨족에 복수의 종가가 있는 이 현상을 어떻게 설명해야 할까? 비밀은 앞의 정의에 등장하는 '공동의 조상' 이라는 표현에서 '공동' 의 범위를 어떻게 설정하느냐에 놓여 있다. 만약 '공동의 조상' 을 씨족 전체의 시조로 국한시킨다면 해당 씨족에서 복수의 종가는 불가능하다. 따라서 이것이 가능하기 위해서는 하나의 씨족에서 시조 외에도 후손 가운데 새로운 '공동 조상' 이 나올 수 있는 길을 열어놓아야 한다. 다시 말해서,

시조 외에도 '백세불천' 의 위상을 지니는 후손의 등장이 허용되어야 하는 것이다. 짐작하는 대로, 우리 종가문화에서 이야기되는 '불천위不遷位' 조상이 바로 이에 해당한다.

결국 종가를 성립시키는 의미론적 연원은 두 가지 층위이다. 하나는 종족(씨족) 차원의 연원이고, 다른 하나는 불천위 차원의 연원이다. 죽유종가 역시 종가인 이상 연원상으로 이 두 가지 층위에 걸쳐 있다. 그러므로 죽유종가를 찾아 떠나는 길은 곧 이 두 경로를 더듬어가는 문화사적 여정인 셈이다.

죽유종가 불천위 사당

2. 샘이 깊은 물 – 죽유종가의 연원

죽유종가는 죽유竹牖 오운吳澐(1540-1617)을 공동 조상으로 하는 문중이므로 그 연원은 먼저 종족적 차원에서 '오씨吳氏'의 역사와 맞닿는다. 성씨로서의 오씨의 연원은 깊다. 역사적으로 그것은 중국 춘추시대 제후국의 하나로서, 한때 '춘추시대 다섯 패자[春秋五霸]' 가운데 하나로 군림하였던 오吳나라로부터 시작한다. 주나라는 건국 후 왕조의 기반을 튼튼히 하기 위해 왕실의 친인척과 개국공신들에게 땅을 나누어주고 다스리게 하는 대신 반대급부로 종자宗子인 중앙의 천자天子를 받들게 하는 봉건封建제도를 시행하였다. 이 과정에서 주나라를 실질적으로 개국한 무왕武王은 자신의 증조인 고공단보古公亶父의 첫째 아들 태백泰伯의 후손에게 지금의 양자강 유역의 땅을 공식적으로 분봉해 주었는데, 이것이 오나라이다.

무왕은 이름이 희발姬發로서 고공단보의 셋째 아들인 계력季歷의 후손이다. 따라서 오나라 통치계층의 성씨는 본래 무왕처럼 주나라 왕실의 성씨인 '희씨姬氏' 였다. 그러던 것이 춘추오패로 일컬어지던 오왕 합려闔閭의 증손인 루양鏤羊 대에 이르러 주나라 왕실로부터 세거지의 지명인 '오吳' 를 성씨로 하사받았다. 오씨는 이처럼 역사가 근 2500여 년이나 되는 근원이 깊은 성씨인 것이다.

오씨가 우리나라에 들어온 것은 신라시대인 지증왕 원년, 즉 서기 500년으로 알려져 있다. 당시 중국으로부터 들어와 지금의 경남 함양에서 22년간 살다 다시 중국으로 돌아간 것으로 전하는 오첨吳瞻이라는 인물이 그 시발점이다. 문중에서는 오첨이 오씨 전체의 시조인 루양의 46세손이며, 신라에 사는 동안 두 아들을 두었는데 그중 둘째 아들은 오첨이 중국으로 돌아간 뒤에도 함양에 남아 살면서 대를 이어가 한국 오씨의 근원을 이루었다고 말한다.

우리 성씨들의 역사는 후대에 첨가된 내용들이 많아 어디까지가 사실이고 어디까지가 후대에 윤색된 것인지 알기 어렵다. 이 점에서 한국 오씨의 연원 역시 그 역사성에 대한 진위를 있는 그대로 가리기는 어려울 듯하다. 그러나 오씨가 우리 고유 성씨가 아니라 중국으로부터 들어온 성씨인 것은 분명해 보인다. 이것은 오씨 가운데 오첨 계통과는 별도로 또 다른 계통을 형성한 것으로 알려져 있는 해주오씨의 시조 오인유吳仁裕 역시 중국 송나라로부터 귀화한 인물로 알려져 있는 것이 그 증거이다.

이러한 역사를 지니고 있는 오씨 역사에서 죽유종가는 전북 고창을 본관으로 하는 고창오씨의 한 분파이다. 고창오씨는 한국 오씨의 시조로 전해지는 오첨의 계열에 속한다. 고창오씨 문중에서는 고려 때 한림태학사翰林太學士를 지낸 시조 오학린吳學麟을 오첨의 17세손으로 비정比定하기 때문이다. 죽유종가를 개창한 죽유 오운은 이 오학린의 13세손이다. 따라서 이렇게 본다면 죽유는 성씨의 시조인 루양의 76세손이자 한국 오씨의 시조인 오첨의 30세손에 해당하는 셈이다.

3. 고창에서 함안으로 - 선대의 발자취

고창오씨의 시조인 오학린으로부터 죽유에 이르는 세계世系를 『고창오씨세보高敞吳氏世譜』를 기초로 개괄하면 이렇다. 시조 학린은 고려 목종穆宗 대인 1009년에 출생한 것으로 전해진다. 이후 고려시대 대표적인 사학인 최충崔冲의 문헌공도文憲公徒에 들어가 공부하여 1035년(정종 1) 과거에 급제하였고, 주서注書와 사목司牧 등의 벼슬을 지냈다. 특히 1057년(문종 11) 사목으로 있을 때, 압록강 인근에 침범해 있던 거란을 물러가게 하는 데 공을 세웠다.

당시 거란은 압록강 국경을 넘어 들어와 요새를 구축하고 있었는데, 고려 조정에서 수차례 물러갈 것을 요구했으나 불응하였다. 이에 학린이 도병마사都兵馬使의 신분으로 거란의 왕에게 압록강 성교城橋에 설치한 군사용 진지를 철거하기를 다시 요청하는 글을 보내 거란의 철수를 성사시켰다. 당시 학린이 거란 왕에게 보낸 글인 「재걸추훼압강성교궁구장再乞抽毁鴨江城橋弓口狀」은 『동문선東文選』에 실려 지금도 전한다. 거란을 물러가게 한 이 공으로 학린은 고창高敞을 식읍으로 하사받았다. '고창오씨高敞吳氏' 라는 본관은 이로부터 출발한다.

이후 학린은 청요직淸要職인 한림태학사翰林太學士를 지내는 등 관료로서의 능력을 지속적으로 인정받았다. 그러다가 관직에서 물러난 후에는 식읍인 고창으로 물러나 신월리에 터를 잡고 마을 이름을 경방京坊이라 하였다고 한다. 이곳에는 지금도 한림학사의 무덤을 뜻하는 한림총翰林塚, 오정승묘吳政丞墓, 오吳서당골, 오吳사당터, 오吳정자터, 오吳몽룡골, 경방지京坊池 등의 이름이 전해온다.

학린에게는 아들이 하나 있었는데, 2세인 질質이다. 고려 현종顯宗 때 태어났으며, 과거에 급제하여 한림원에 속한 관직인 직한림直翰林을 지냈다. 질은 세공世功·세문世文·세재世才 세 아들을 두었으니, 3세에 해당한다. 모두 한림학사로서 문장과 덕망이 높았다. 죽유의 직계 선조는 이 가운데 둘째 세문이다. 세문은 호가 복양濮陽으로, 1152년(의종 6) 승보시升補試에 장원 급제하였고 벼슬은 동각시학東閣侍學을 지냈다. 이규보李奎報의 『동국이상국집東國李相國集』에서는 세문에 대해 한림학사를 세 번이나 역임하

고창오씨 시조 오학린 영정(2015년 문중에서 봉안)

였고, 할아버지와 아버지도 모두 급제한 대를 이은 명유名儒라고 소개하고 있다.

세문은 아들을 하나 두었다. 비서승秘書丞의 관직을 지낸 4세 겸謙이다. 비서승은 고려시대에 왕명을 출납하던 기관인 비서성秘書省에 소속된 종5품의 관직이다. 겸의 대를 이은 이는 5세 신세臣世로, 통헌대부通憲大夫에 올라 민부전서民部典書를 지냈다. 6세는 신세의 아들 계유季孺이다. 그는 충숙왕忠肅王 때 수충보절좌리안사공신輸忠保節佐理安社功臣으로서 품계는 삼중대광三重大匡, 벼슬은 도첨의찬성사都僉議贊成事에 올랐으며, 모양군牟陽君에 봉해졌다. 도첨의찬성사는 고려후기 최고 통치기관인 도첨의사사都僉議使司에 속해 있는 정2품 관직이다.

7세는 계유의 아들 육화六和이다. 공민왕恭愍王 때 상호군上護軍으로 있으면서 홍건적이 침입하자 왕의 피란길을 보위하고 적을 토벌하여 서울인 개경을 다시 수복한 공으로 수복경성일등공신收復京城一等功臣에 오른 인물이다. 이후 조선에 들어와서는 봉익대부奉翊大夫로 예의판서禮儀判書를 지냈다.

조선으로 넘어온 후 7세 육화의 대를 이은 이는 8세 엄淹이다. 통훈대부通訓大夫로서 숙천도호부사肅川都護府使, 경기수사京畿水使, 충청병사忠淸兵使 등의 벼슬을 지냈다. 『세보』에는 1442년(세종 24) 9월 12일 세상을 하직한 것으로 되어 있다. 엄은 슬하에 아들 넷을 두었다. 천泉과 연淵과 영永 그리고 형滎이 그들이다. 이 가운데 오운의 직계 선조는 4남 형이다.

9세 형은 자가 지보智甫이다. 통훈대부通訓大夫로서 나주판관羅州判官을 지냈고, 성종成宗 때에는 가선대부嘉善大夫에 올라 첨지중추부사僉知中樞府使를 역임하였다. 93세로 장수하였다. 부인은 정부인貞夫人 봉화금씨奉化琴氏로, 은진현감恩津縣監을 지낸 금회琴淮의 딸이자 중랑장中郎將을 지낸 금용화琴用和의 손녀이다. 이를 통해서도 알 수 있듯이, 9세손 형의 혼반은 죽유종가의 형성에 중요한 의미를 갖는다. 이때에 들어와서 처음으로 영남과 연을 맺기 때문이다.

함안 모곡리 경도단비景陶壇碑. 이황이 함안에 들렀을 때 남긴 글을 후손인 향산響山 이만도李晩燾(1842-1910)가 필사하여 세운 비석으로, 이곳이 죽유의 고향임을 언급한 내용도 들어 있다.

형의 자제들인 10세로는 석복碩福과 경복景福 두 아들이 있다. 이 가운데 죽유의 직계 선조는 맏이 석복으로, 바로 죽유의 증조이다. 석복은 자가 경선慶善이고, 호는 죽재竹齋와 삼우대三友臺이다. 1455년(단종 3, 세조 원년)에 태어났다. 1477년(성종 8) 소과小科에 합격하여 직산稷山(현 충남 천안)과 전의全義(현 세종시 전의면)의 수령을 지냈고, 중종中宗 대에는 원종공신에 녹훈되었다. 말년에는 의령현감宜寧縣監으로 있다가 함안咸安의 모곡리茅谷里로 은거하였다. 그곳으로 은거한 것은 부인의 외가 쪽으로 연고가 있었기 때문이다.

석복은 모곡리로 은거한 후 작은 서재를 짓고서 대숲 사이에 매화를 심고 대臺를 쌓아 소요하였다. 그러면서 중국 당나라의 시인 이백李白의 시 「월하독작月下獨酌」에 "잔 들어 밝은 달 맞이하고[擧杯邀明月], 그림자를 대하니 세 사람이 되었구나[對影成三人]." 라는 구절에서 의미를 취하여 대의 이름을 삼우대三友臺라 하고 자신의 호로도 삼았다. 이 삼우대는 이후 죽유가 거주지를 영주 초곡草谷으로 옮기면서 함께 이건하여 현재는 그곳에 있다. 석복은 신재愼齋 주세붕周世鵬(1495-1554)과 퇴계退溪 이황李滉(1501-1570)을 비롯한 여러 선비들과 교유하였으며, 그중 이황과는 특히 각별하였다. 1533년(중종 28) 8월 25일 79세로 생을 마쳤고, 통훈대부通訓大夫와 통례원通禮院 좌통례左通禮에 증직되었다. 부인은 숙인淑人 선산김씨善山金氏이다.

11세는 석복의 아들인 언의彥毅로서 죽유의 조부이다. 자는 인원仁遠이고, 호는 죽오竹塢이며, 초명은 종호從虎이다. 1494년(성종 25) 8월 11일생이다. 1531년(중종 26)에 소과에 합격하고 장수찰방長水察訪과 전의현감全義縣監 등을 역임하였다. 부친과 마찬가지로 주세붕, 이황 등과 교유하였으며, 금계錦溪 황준량黃俊良(1517-1563)과도 매우 가깝게 지냈다. 1566년(명종 21) 12월 14일 향년 73세로 운명하였으며, 통정대부通政大夫 좌승지左承旨에 증직되었다. 부인은 숙부인淑夫人 진성이씨眞城李氏로, 이황의 숙부 송재松齋 이우李堣(1469-1517)의 딸이다. 한강寒岡 정구鄭逑(1543-1620)가 죽유와 함께 편찬한 『함주지咸州志』의 인물 항목에 그의 인품이 잘 소개되어 있다.

12세는 죽유의 부친인 수정守貞이다. 언의의 두 아들 가운데 맏이로서 동생은 수영守盈이다. 수정은 자가 정중正仲이고 호는 연계蓮溪이다. 1510년(중종 5) 11월 10일에 태어났다. 숙릉참봉淑陵參奉에 제수되었으나 은거하여 부임하지 않았고, 이후에도 죽을 때까지 벼슬길에 나아가지 않았다. 효성이 지극하였는데, 64세 때인 1573년(선조 6)에 모친상을 당하자 노구에도 불구하고 상심이 지나쳐 이를 걱정한 자식들이 육즙을 만들어 권했으나 끝내 물리쳤을 정도이다. 결국 이 일로 건강을 해쳐 다음해인 1574년(선조 7) 4월 15일 작고하였다. 가선대부嘉善大夫 이조참판吏曹參判에 증직되었다. 부인은 정부인貞夫人 순흥안씨順興安氏로, 고려조의 명현 문정공文貞公 안축安軸의 후손인 함안의 재지사족 안관安灌의 딸이다.

【죽유 선대(1-12세) 일람】

대수	이름	자	호	생몰	배필	과거	관작	비고
1세	學麟			1009-?		進士	注書 司牧 翰林太學士	
2세	質						直翰林	
3세	世文		濮陽			生員 (1152)	東閣侍學	質의 2男

대수	이름	자	호	생몰	배필	과거	관작	비고
4세	謙						秘書丞	
5세	臣世				狼川郡夫人 金氏		通憲大夫 民部典書	
6세	季孺				高興郡夫人 柳氏		輸忠保節佐理安社功臣 三重大匡 牟陽君 都僉議贊成事	
7세	六和				晉山郡夫人 柳氏		收復京城一等功臣(고려) 上護軍(고려) 奉翊大夫(조선) 禮儀判書(조선)	
8세	淹			?-1442	東萊鄭氏		通訓大夫 肅川都護府使 京畿水使 忠淸兵使	
9세	滎	智甫			奉化琴氏	進士	嘉善大夫 羅州判官 僉知中樞府使	淹의 4男
10세	碩福	慶善	竹齋 三友臺	1455- 1533	善山金氏	進士 (1477)	稷山 · 全義 · 宜寧縣監 (贈)通訓大夫, 左通禮	滎의 1男
11세	彦毅	仁遠	竹塢	1494- 1566	眞城李氏	進士 (1531)	長水察訪 全義縣監 (贈)通政大夫, 左承旨	
12세	守貞	正仲	蓮溪	1510- 1574	順興安氏		(贈)嘉善大夫, 吏曹參判	彦毅의 1男

4. 영남의 사족 가문으로 우뚝 서다

이상의 내용을 통해 알 수 있듯이, 죽유의 직계 선대先代는 고려시대의 경우 시조 학린 이후 7세까지 대대로 주요 관직에 임명되어 활동하였다. 이에 따라 이들 문중은 식읍지인 고창을 세력 근거지로 하면서도 한편으로 관직생활을 통해 수도인 개경에도 일정한 연고를 형성하고 있었던 듯하다. 그러나 조선에 들어와서는 후대로 올수록 중앙의 관직활동이 활발하지 않아 상대적으로 위축된 모습을 보인다. 이는 죽유의 증조와 조부 그리고 부친 삼대조三代祖가 관직이 지방관에 머물거나 아예 벼슬길에 나아가지 않았고, 후손인 죽유가 신분이 귀해짐에 따라 벼슬이 증직된 것을 통해서도 잘 알 수 있다. 조선시대에는 종2품 이상의 관직을 지낸 후손이 있으면 그 위로 삼대까지 벼슬을 추증하는 것이 관례였는데, 죽유는 이에 해당하는 직위인 경주부윤慶州府尹을 역임하였다.

그러나 비록 관운은 고려조의 조상들만 못했지만 조선에 들어와서 죽유의 선대는 그동안 연고가 없었던 영남 사족들과 활발히 관계를 맺으면서 후일 종가 형성의 발판을 마련하였다. 7세 육화 이후로 혼반이 영남으로 집중되기 시작한 것이 대표적인 사례이다. 육화는 진산(진주)류씨晉山(晉州)柳氏 문성부원군文城府院君 정淀의 사위가 되었고, 아들인 8세 엄은 동래정씨東萊鄭氏인 대제학大提學 구矩의 딸에게 장가를 들었으며, 9세 형 역시 앞서 말했듯이 현감縣監을 지낸 봉화금씨奉化琴氏 회淮의 딸과 결혼하였다.

영남 사족과의 이러한 교유는 죽유의 증조인 10세 석복 때 이르러 한층 활성화되었다. 석복은 선산김씨善山金氏로 참판參判을 지낸 유장有章의 손녀와 결혼하였다. 그가 의령현감을 지낸 뒤 함안의 모곡리로 은거할 수 있었던 것은 처가 연고에 힘입은 결과이다. 그곳은 바로 부인 김씨의 외가가 있는 고장이었기 때문이다. 이뿐만 아니라 석복은 의령현감을 지내는 동안에 지역의 유력 재지사족인 김해허씨金海許氏 가문과도 긴밀한 관계를 맺는데, 이 부분은 이후 종가가 사회경제적 기반을 마련하는 데 결정적인 힘으로 작용하였다.

석복이 당시 친분을 쌓은 김해허씨 가문 가운데 중요한 인물은 의령의 재지사족 허찬許瓚이다. 허찬과 관련하여 눈여겨볼 부분은 그가 영주 초곡에 살던 감천문씨甘泉文氏 창계滄溪 문경동文敬仝(1457-1521)의 맏사위라는 점이다. 허찬의 장인인 문경동은 아들이 없고 딸만 둘이었다. 이에 따라 문경동이 죽자 집과 토지 등 그의 재산은 사위인 허찬에게 상속되었다. 그런데 이 허찬의 아들이 바로 죽유의 장인인 허사렴許士廉이다. 의령의 가례촌嘉禮村에 살았던 허사렴은 많은 토지와 노비를 소유하고 있었다. 그런데 그 또한 아들 없이 딸만 둘이어서 맏사위인 죽유에게 재산의 많은 부분들이 상속되었는데, 여기에는 당연히 의령뿐만 아니라 영주 초곡의 재산도 포함되어 있었다. 죽유가 나중에 고향 함안을 떠나 의령에 잠시 거처하고, 이어서 임진왜란 때는 가족을 초곡에 피난시키고, 나아가 전쟁이 끝난 후에는 아예 그리로 이주한 데에는 증조인 석복 때부터 자신의 대에 이르기까지 이어진 김해허씨 가문과의 이와 같은 끈끈한 교유가 인연으로 작용하고 있다.

김해허씨 가문이 죽유종가의 형성에 미친 영향은 이에 그치지 않는다. 여기에는 나중에 죽유의 학맥과 관련된 중요한 연결고리 하나가 또 가로놓여 있다. 퇴계 이황과의 연고가 그것이다. 이황의 첫째 부인인 김해허씨는 바로 허찬의 딸이다. 이는 곧 죽유의 장인인 허사렴이 이황의 처남임을 뜻한다. 그런데 죽유는 허사렴의 사위이므로 이황에게 죽유는 결국 처조카 사위가 되는

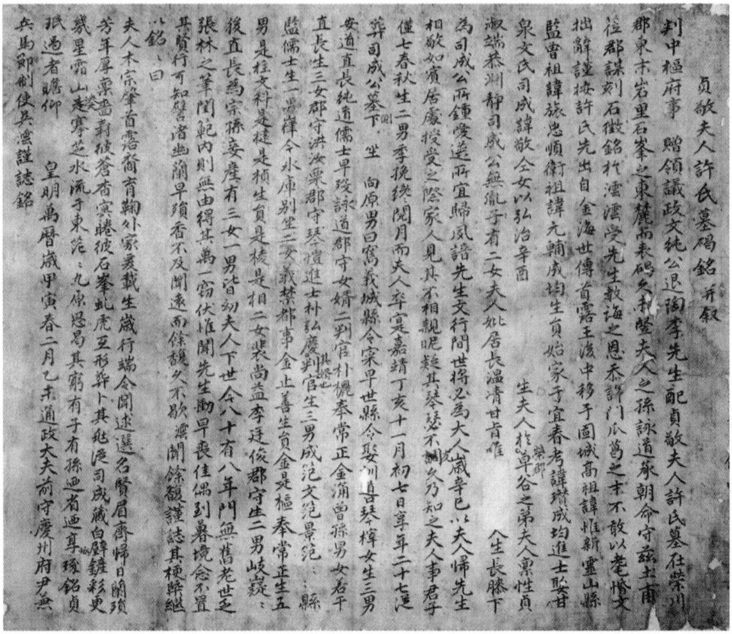

죽유가 지은 「정경부인김해허씨묘갈명貞敬夫人金海許氏墓碣銘」 초고

것이다. 이 인연으로 죽유는 나중에 이황의 부인 김해허씨의 묘갈명을 직접 쓰기도 하였다. 이러한 혼반 관계를 통해 형성된 이황과의 인척 관계가 나중에 죽유가 도산을 찾아 이황의 문하에 입문하는 데 일정한 계기를 이루었을 것으로 짐작된다.

사실 이황의 가문과 죽유 집안의 인연은 이보다 앞서 석복의 아들인 조부 언의 대에 먼저 이루어졌다. 앞서 말한, 언의가 이황의 숙부인 이우의 딸을 배필로 맞은 일이 그것이다. 석복과 이우가 사돈을 맺게 된 데에는 이우가 1508년(중종 3) 진주목사로 부임해 왔을 때 두 사람이 교분을 쌓은 것이 인연이 된 것으로 보인다. 이때 이황의 형들인 이의李漪(1494-1532)와 이해李瀣(1496-1550)도 숙부인 이우를 따라와 진주 청곡사青谷寺에서 글공부를 하였다. 이런 인연으로 언의는 1513년(중종 8) 이해와 어울려 청량산清凉山에서 함께 글을 읽는 등의 우의를 맺었으며, 나아가 이황과도 자연스럽게 교유하였다. 한 예로, 이황은 아들 준寯(1523-1583)에게 보낸 편지에서 언의가 아들 수영이 학문보다는 재물에 관심을 갖는 습관이 있음을 심히 꾸짖으며 엄하게 교육한 사실을 소개하며 이를 본받을 것을 권유하기도 하였는데, 이런 일화는 이 두 사람의 관계가 어떠하였는지를 충분히 미루어 짐작하게 한다. 실제로 이황과 언의는 편지도 자주 주고받는 사이였으며, 거기서 이황은 언의를 '친구親舊' 라고 표현하기도 하였다. 이와 같은 친분으로 이황은 평소 언의에게 출처를 비롯한 고민들에 대해 조언을 구했고, 언의 역시 이황을 위해 사람들의 입방아에 오르내리는 그에 대한 소문을 전해주며 대비하게 하거나 잘못된 소문에 대해서는 직접 해명해주곤 하였다.

이처럼 죽유 집안은 10세 석복 때부터 김해허씨를 매개로 경상좌도 퇴계학맥의 중심 지역인 안동과 영주 등지의 사족들과 깊숙한 교유 관계를 맺음으로써 이후 종가 형성의 중요한 발판을 마련할 수 있었다. 영남의 첫 연고가 경상우도였던 죽유 집안이 경상좌도로 그 세를 넓혀갈 수 있었던 데에는 혼반을 매개로 한 선대의 이와 같은 교유가 중요하게 작용하였던 것이다.

경상우도의 경우는 가문이 영남으로 이주해 처음 자리 잡았던 곳이 함안이었던 까닭에 남명학맥에 속하는 지역 사족들과는 자연스러운 교유가 있었을 것으로 추정된다. 그 가운데 특히 허찬은 홍의장군으로 유명한 망우당忘憂堂 곽재우郭再祐(1552-1617)의 외숙이기도 하여 죽유 집안은 곽재우 집안과도 자연스럽게 연결되었다. 임진왜란이 일어났을 때 죽유가 곽재우의 의병활동을 돕고 지원하게 된 인연 가운데 하나이다.

이와 같은 혼반과 교유들을 통하여 죽유의 가문은 죽유 당대에 이미 영남의 주요 사족 가문의 하나로 우뚝 서기에 이른다. 그리고 이러한 흐름은 죽유 아랫대에서도 꾸준히 지속되어 종가의 초창기 세 확산에 큰 힘으로 계속 작용하였다. 죽유의 맏아들 여은汝檼의 첫 번째 부인은 상주주씨尙州周氏로 소수서원을 창설한 함안 출신 주세붕의 손녀이고, 두 번째 부인은 고령 지역의 명문가인 고령박씨高靈朴氏 박정완朴廷琓의 딸이다. 그리고 둘째 여벌汝橃은 퇴계학맥의 한 줄기를 연 학봉鶴峰 김성일金誠一(1538-1593)의 아들 애경당愛景堂 김집金潗(1558-1631)의 사위가 되었고, 셋째 여영汝楧은 점필재佔畢齋 김종직金宗直의 현손인 김성률金聲律의 사위가 되었다. 이 밖에 여은의 딸 또한 남명학맥의 적전을 이은 내

【죽유 위아래 혼반 관계】

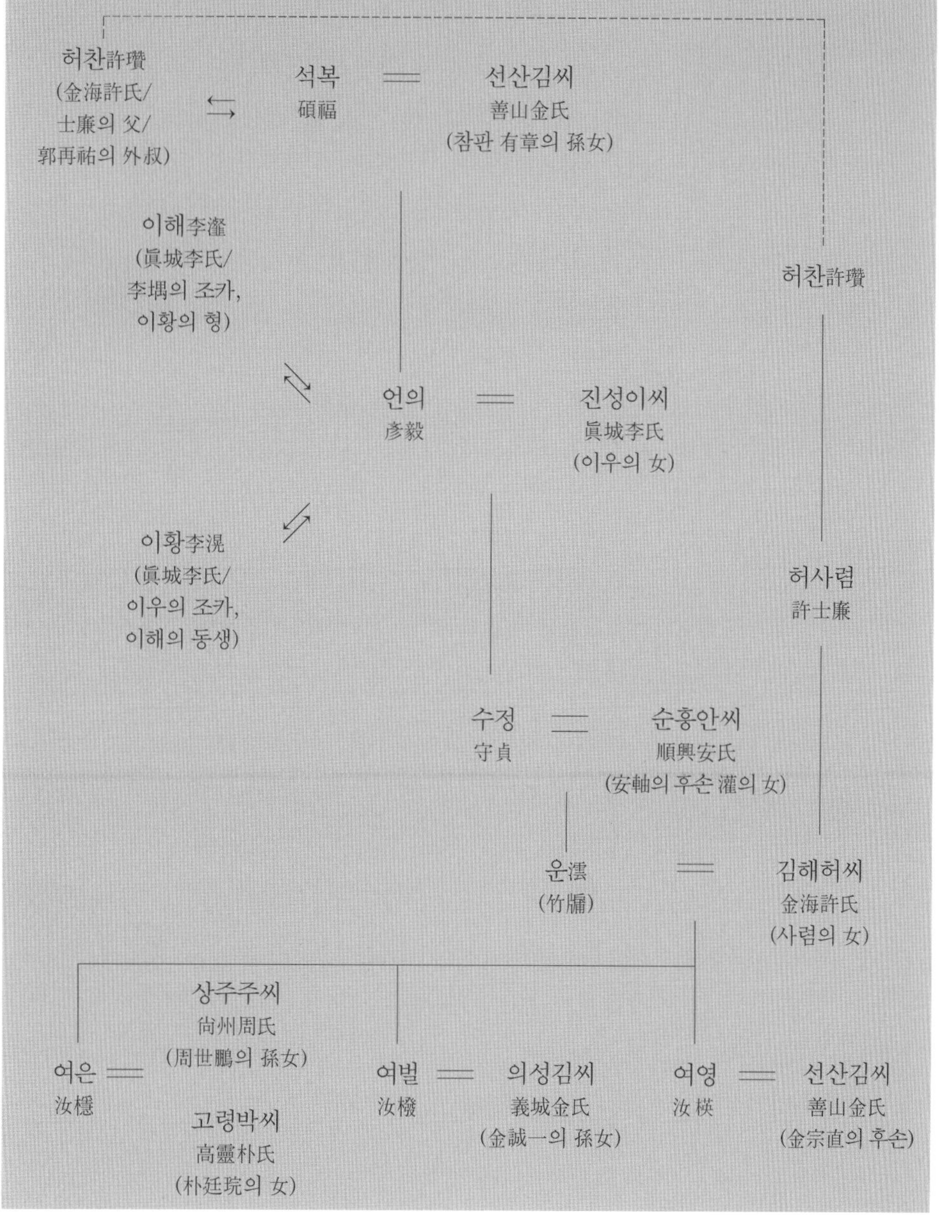

* ⇆ (교유), = (혼인), | (부모-자녀)

암來庵 정인홍鄭仁弘(1535-1623)의 손자 정릉鄭棱에게 시집을 가 내암의 손주며느리가 되었다. 하나같이 영남의 내로라하는 사족 가문과 혼반을 맺은 것이다.

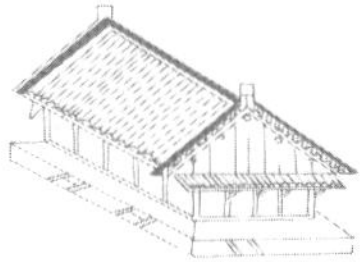

竹牖舊宅

제2장 죽유 오운의 삶과 생각

1. 불천위 – 종가의 숨결

연원이 오래된 가문이라고 무조건 종가인 것은 아니다. 거기에는 종가를 성립시키는 요소가 갖추어져 있어야 한다. 종가의 성립 기준에 대해서는 사람에 따라 여러 가지 설이 있다. 무엇보다 먼저 종가를 상징하는 건물이 있어야 하고, 다음으로 그것을 지키는 사람(종손 · 종부)이 있어야 하며, 제사를 포함하여 대대로 내려오는 집안의 법도가 있어야 하고, 또 무엇보다도 모시는 불천위不遷位 조상이 있어야 한다는 등등의 설명들이 그것이다. 그러나 이 가운데 역시 제일의 조건은 불천위의 존재라고 보는 것이 여러모로 합당할 것이다. 왜냐하면 이것이 종가를 성립시키는 의미론적 연원의 두 번째 층위의 핵심을 이루기 때문이다.

앞에서도 살펴보았듯이, 종가는 그 출발점에서부터 '백세불천' 이라는 말과 밀접하게 연관되어 있다. 따라서 종가가 되기 위해서는 해당 가문을 일으킨 사람이 종족의 시조가 아니면서도 '오세불천' 의 제한을 넘어서는 새로운 '공동 조상' 으로 모셔질 조건을 갖추어야 한다. 이것을 충족시키는 것이 바로 '불천위' 이다. 다시 말해, 5대 이상으로 넘어가더라도 신주가 사당에서 옮겨지지 않는 조상의 존재가 필수인 것이다. 종가문화를 전공하는 연구자들의 조사에 따르면 현재 우리나라에는 지역에 따라 불천위를 모시지 않는 종가도 일부 있는 것으로 알려져 있다. 이 점에서 본다면 이는 종가를 구성하는 가장 핵심적인 요소가 빠진 것이라 하지 않을 수 없다.

그러면 시조가 아닌 후손의 신분으로 불천위가 되는 것은 어떤 경우일까? 불천위로 추대되는 경로는 두 가지이다. 하나는 국가에서 교서敎書를 통해 공식적으로 지정하여 추대하는 경우이고, 다른 하나는 지역 사림士林이나 향촌에서 의견을 모아 추대하는 경우이다. 그러면 그렇게 지정되거나 추대될 수 있는 자격은 또 무엇인가? 일반적으로 생전에 국가 또는 지역공동체를 위해 덕을 베풀거나 공을 세운 사람이 이에 해당한다. 그런데 여기서 한 가지 유념할 것은 어느 경우든 불천위의 추대는 해당 문중 밖에서 공론을 통해 이루어지는 것이지 문중 내부에서 논의하여 결정하는 것은 아니라는 점이다. 이 부분 또한 종가의 기본 성격을 이해하는 데 있어 중요한 대목이다.

동양에서는 예로부터 '삼불후三不朽' 라는 말이 전해온다. 사람이 죽은 후에도 썩어 없어지지 않는 세 가지라는 의미이다. 유교의 기본 경전 가운데 하나인 『춘추좌전春秋左傳』의 「양공襄公·24년」 항목에 나오는 것으로, 그 세 가지는 '입덕立德' 과 '입공立功' 과 '입언立言' 이다. 글자 그대로 해석하면 차례로 '덕을 세우는 것' 과 '공을 세우는 것' 그리고 '말을 세우는 것' 을 뜻한다. 이것들의 구체적인 내용에 대해 중국 당唐나라 때의 경학의 대가 공영달孔穎達(574-648)은 이렇게 풀이하고 있다.

> 입덕은 제도를 만들고 법도를 세워 널리 민중을 구제하는 것을 말하고, 입공은 재난을 구제하고 어려움을 없애 공이 그 시대를 구하는 것을 말하며, 입언은 말에 요점이 있어 이치를 전할 수 있는 것을 말한다[立德謂創制垂法博施濟衆, 立功謂拯厄除難功濟於時, 立言謂言得其要理足可傳.].

부연한다면, 훌륭한 정치를 통해 덕치德治를 구현한 자취가 있는 것이 입덕이고, 공동체의 여러 우환을 해결하고 구제한 업적이 있는 것이 입공이며, 뛰어난 학문으로 후세까지 사표가 되는 것이 입언이라는 의미이다. 죽유 오운 역시 사후에 이 가운데 적어도 하나 이상을 갖추었다고 공론을 통해 평가받았기에 불천위로 추대되었음은 물론이다. 그렇게 됨으로써 죽어서도 사라지지 않는 그 삶의 향기가 오늘 우리에게까지 전해지고 있는 것이다. 그러면 이제부터 그 향기를 따라가 보자.

2. 죽유의 생애

연보에 나와 있는 내용을 일별할 때 죽유의 생애는 삶의 변곡점을 기준으로 크게 네 시기로 구분하여 살펴볼 수 있을 듯하다. 첫째는 성장과 배움의 시기로서, 태어나서 문과에 급제한 27세까지의 기간이다. 둘째는 과거 급제 후 관직에 첫 발을 들여놓은 때부터 임진왜란이 발발하기 전까지의 시기이다. 나이로는 27세부터 53세까지의 기간이다. 셋째는 임진왜란을 당하여 때로는 의병활동으로 때로는 관료로 동분서주하며 국난 극복에 매진하던 시기이다. 53세부터 59세까지가 여기에 해당한다. 넷째는 임란 이후인 60세를 전후한 때부터 78세로 작고할 때까지의 기간으로서, 영주에 머물면서 주로 『동사찬요東史纂要』를 비롯한 저술에 몰두하던 시기이다.

1) 영남학파 두 거봉의 문하에 들다 - 수학기

죽유는 1540년(중종 35) 9월 28일 함안 모곡리(현재의 함안군 산인면 모곡리)에서 태어났다. 자는 대원大源이고, 호는 백암白巖을 시작으로 백암산인白巖散人, 백암산로白巖散老, 율계栗溪, 포덕산인飽德山人, 죽유竹牖, 죽계竹溪 등 여럿이다.

아버지는 수정守貞이고 어머니는 순흥안씨順興安氏이다. 이들 부부는 슬하에 아들 넷과 딸 셋을 두었는데, 죽유는 이 가운데 아들로 둘째였다. 위로 형은 진溍(1533-1593)이고, 아래로 두 동생은 차례로 찬澯(1547-1585)과 준浚이다. 딸 셋은 각각 경주안씨 안수관安守寬과 재령이씨 이대형李大亨, 상주주씨 주각周恪에게 시집을 갔다.

죽유는 어릴 때부터 자질이 뛰어나고 특출하였다고 전한다. 이 때문에 할아버지인 언의가 기특하게 여겨 여느 손자보다 사랑을 쏟았을 정도로 기대가 컸다. 이에 힘입어 6살 때부터 할아버지에게 글을 배우기 시작하였다.

12세 되던 해인 1551년(명종 6) 불행히도 어머니 순흥안씨를 여의었다. 형인 맏이 진溍이 여막을 짓고 삼년상을 치르는 동안 아침저녁으로 동행하며 자식으로서의 도리를 다하였다. 어머니를 여읜 여섯 남매는 이때부터 할머니인 진성이씨의 손에 자랐다. 나중에 죽유는 할머니가 83세를 일기로 1573년(선조 6) 7월에 돌아가시자 추모하는 글(「祖妣淑夫人眞城李氏行蹟」)을 지어, 어미를 잃은 여섯 남매가 슬하에서 자라면서 칭얼대고 떠들어도 조금도 나무라지 않고 꾸짖는 빛을 보이지 않으시며 인자하게 키워주셨다고 회고했다. 참고로, 형제자매가 일곱이었음에도 여섯 남매라고 하고 있는 것을 보아 당시에 이미 위로 출가한 누이가 하나 있은 것이 아닌가 짐작된다.

18세(1557, 명종 12)에 김해허씨에게 장가를 들었는데, 의령의 세족 허사렴의 딸이다. 앞서도 살펴보았듯이, 의령의 김해허씨 집안과는 증조인 석복 때부터 교유가 있은 터라 이 인연을 바탕으로 혼사가 이루어진 것으로 보인다. 부인 김해허씨는 1545년(인조 원년, 명종 즉위년) 생으로 죽유보다 다섯 살 아래며, 평생을 해로하다가 죽유 사후 3년 뒤인 1620년(광해 12)에 작고하였다. 학사鶴沙 김응조金應祖(1587-1667)가 쓴 『영천지榮川誌』의 「규행록閨行錄」에서는 평소 단아하고 선한 언행으로 사람들의 이목을 끌었다고 평하고 있다.

결혼한 다음 해인 19세(1558, 명종 13)에 김해金海의 산해정山海亭으로 남명南冥 조식曺植(1501-1572)을 찾아뵙고 문하에 들었다. 이즈음 조식은 고향인 삼가三嘉(현재의 합천)의 뇌룡정雷龍亭과 계복당鷄伏堂에 주로 머물렀지만 이따금 산해정도 찾아 강학을 하고 있

산해정(김해/좌)과 도산서당(안동/우)

었다. 죽유가 찾아뵈었을 때 조식은 당시의 권력자인 문정왕후文定王后를 '과부'라 지칭하고 명종을 아버지를 잃은 '고아'에 비유한 3년 전의 저 유명한 「단성현감사직소丹城縣監辭職疏」를 통해 그 강직함을 이미 사림에 혁혁하게 떨친 뒤였다. 죽유의 남명 문하 입문은 증조인 석복이 함안의 모곡리로 은거한 이래 집안이 대대로 경상우도 사족들과 꾸준히 교유를 맺고 있었기 때문에 예정된 수순이기도 했다. 참고로 죽유는 남명 문하 입문 후 3년 뒤인 22세(1561, 명종 16) 때 소과인 사마시司馬試에 합격하였다.

남명의 문하에 든 지 6년 뒤인 25세(1564, 명종 19) 때 이번에는 안동 도산을 찾아 퇴계 이황의 문하에 입문하였다. 여기에는 할아버지 언의가 이황의 숙부인 송재 이우의 사위이고, 또 개인적으로 이황과 죽유는 각각에게 처고모부이면서 처조카사위이기도 했던 인연도 많이 작용했을 것으로 보인다. 이 때문에 두 사람 사이는 매우 각별하였다. 입문한 이듬해 죽유가 집에 있는 '원앙鴛鴦'이라 불리던 매화를 특별히 화분에 옮겨 스승에게 올린 일이라든가, 이황이 죽유가 의령에 있을 때 소식을 보내는 것이 여의치 않기라도 하면 손자들이 그곳을 방문할 때 직접 만나보고 안부를 전하게 시켰던 일 등을 통해서도 이 점을 충분히 엿볼 수 있다. 죽유 역시 이황 사후 도산서원에서 『퇴계집』을 간행할 때 진성이씨 족보인 『도산보陶山譜』의 편찬에 참여하면서 서문을 통해 선생의 도덕과 문장은 하늘에서는 별이 되고 땅에서는 삶을 인도하는 나침반이 되었다고 높이 평가하였다. 이황의 직전 제자들의 인명록인 『도산급문제현록陶山及門諸賢錄』에서 죽유에 대해 "학문에 매진하였고, 문장이 탁월하였다[力學能文]."라고 기록하고 있는 것을 보면 이황의 문하에서 죽유는 나름의 성취를 보인 듯하다.

죽유는 이황의 문하에 든 지 2년 후인 27세(1566, 명종 21) 때 대과에 급제하였다. 당연한 말이지만 이후에도 사제 간의 교유는 꾸준히 이어져 이황이 임종할 때까지 지속되었다. 비근한 예가 죽유가 27세 되던 해인 1566년(명종 21) 이황이 죽유에게 써준 시이다. 죽유의 자를 써서 「오대원에게[贈吳大源]」라는 제목을 단 이 시에는 두 사람의 추억에 대한 회상과 제자를 생각하는 스승의 정이 물씬 묻어난다.

내 시를 지어 그대와 화답한 것 생각하니,
당시에는 벼슬에 얽매인 몸 아니었지.
유랑하며 노닐던 자취 생각하니 웃음이 떠오르고,
아름다운 누각의 기억들 오히려 또렷하네.
憶我題詩和昔英　當時身不綰朝纓
浪遊蹤跡追堪笑　佳處軒楹記尚明

뜰 가의 겨울 매화 그려왔건만
연못 속 밝은 달 차고 기울길 몇 번인가
금년에도 또한 남행할 계획 무산되었으니,
평생 동안 누대의 영화를 누린 것이 부끄럽네.
庭際官梅柰絶　池中明月幾虧盈
今秊又負南行計　慙媿平生累世榮

이렇게 죽유는 유년기에 조부에게서 글공부를 시작한 후 청년기에 조식과 이황이라는 영남학파의 두 거봉의 문하에 입문하여 공부함으로써 학자와 관료로서의 자질을 갖추어나갔다. 그런 가운데, 뒤에 다시 이야기하겠지만, 학문의 주안점이나 현실참여 방식 등에 있어서 뚜렷이 대조적이었던 두 스승의 스타일 또한 이후 죽유의 삶에 각각 다른 색깔로 스며들어 그의 생각과 행동에 영향을 미쳤음은 물론이다.

2) 자리의 높고 낮음에 개의치 않다 - 사환기

죽유의 벼슬길은 권지성균관학유權知成均學諭에서부터 시작되었다. 27세 되던 해인 1566년(명종 21) 윤10월 별시문과에 급제한 후 첫 번째로 발령받은 직위이다. 과거는 병과丙科 제7인으로 급제하였으며, 서애西厓 류성룡柳成龍(1542-1607)을 비롯하여 개암開巖 김우굉金宇宏(1524-1590) 등이 합격자 명부에 같이 이름을 올린 동료들이다.

첫 근무지가 성균관이었던 것은 죽유에게 여러모로 의미가 있었다. 왜냐하면 이후 약 15여년 간을 성균관을 주 근무지로 하여 관직생활을 영위하기 때문이다. 차례로 살펴보면, 학유에 임명된 지 4년 후인 31세(1570, 선조 3)에 성균관 학록學錄에 오르고, 이어 얼마 되지 않아 사직하였다가 두 해 뒤인 33세(1572, 선조 5)에 학정學正에 올랐다. 학정은 성균관에서 각종 과거시험의 예비심사 업무를 처리하는 자리로서 비록 직급은 낮지만 맡은 일이 중대하였던 까닭에 세종 이후 문행文行이 뛰어난 자 가운데 선발하여 대간臺諫의 동의를 얻어 임명하는 게 관례였다. 38세(1577, 선조 10)에는 정6품 전적典籍이 되었고, 다음 해 사직하고 향리로 돌아왔다가 41세(1580, 13)에 다시 종5품인 직강直講에 임명되었다. 이 사이 38세 때 호조좌랑拜戶曹佐郎 겸 춘추관기사관春秋館記事官과 명천현감明川縣監을 잠시 거치기도 하였으나 거의 대부분의 시기를 성균관에서 보낸 것이다. 이런 경력은 관료생활 초창기 죽유의 관료로서의 자질과 인품, 일처리 방식 등을 유추할 수 있게 해주는 자료라고 할 수 있다.

성균관을 중심으로 벼슬길을 왕래하던 이 시기 죽유는 개인적인 아픔도 여럿 겪는다. 먼저 어려서 글공부를 가르쳐주면서 여러 가지로 이끌어주던 조부의 상을 당하였다. 조부 언의는 죽유가 과거에 급제하여 관직에 막 발을 들이던 해인 1566년 11월에 73세로 운명하였다. 이어 학록에 올랐던 1570년 12월에는 이황의 부고를 접하고, 만 2년이 안 되는 14개월 뒤인 1572년 2월에는 조식의 부음마저 듣는다. 앞서거니 뒤서거니 문하에 들어 배움을 청했던 두 스승을 2년 사이에 모두 떠나보낸 것이다. 이뿐만 아니라 다음 해인 1573년(선조 6) 7월에는 조모인 진성이씨의 상까지 당한다. 12살에 어머니를 여읜 후 자신을 포함하여 여섯 남매를 거두어 길러주셨던 할머니이니 만큼 슬픔이 더 컸을 것이다. 조모의 「행적」을 특별히 쓴 것도 이 때문인 것으로 짐작된다. 조모상을 치른 이듬해 4월에는 연이어 부친상도 당하였다. 어머니인 진성이씨, 그러니까 죽유의 조모가 돌아가시자 그 슬픔을 못 이겨 건강을 해친 것이 원인이었다. 부친 수정은 모친상을 당하자 식음을 전폐할 정도로 상심하여 상을 견디지 못할 정도였다고 전하다. 그리고 끝내 이것이 원인이 되어 모친상을 당한 지 채 1년도 지나지 않아 생을 마감하고 말았다.

그러는 가운데 이후에도 관직생활은 계속되어 42세(1581, 선조 14)에 정선군수旌善郡守에 제수되었다. 이를 인연으로 3월에 금강산을 유람하였다. 당시 지은 시들이 지금도 문집에 여러 수 전한다. 또 가을에는 영월에 있는 단종능인 노릉魯陵(숙종 24년인 1698년 단종이 노산대군에서 왕으로 복위되자 이름이 장릉莊陵으로 바뀜)의 치제致祭에 참여하였다.

이어 44세(1583, 선조 16)에는 내직으로 들어가 나라의 재용財用을 관리하는 풍저창豐儲倉의 책임자인 풍저창수豐儲倉守로 자리를 옮겼고, 가을에는 충주목사忠州牧使 겸 춘추관편수관春秋館編修官을 제수받았다. 충주목사로 있으면서 모든 사안을 공명정대하게 처리하여 현안으로 걸려 있던 여러 소송을 바르게 판결하였다. 하지만 이 와중에 감사 일가가 연루된 송사를 비위에 거슬리게 처결한 일로 감사의 미움을 받기도 하였는데, 결국 이것이 계기가 되어 이듬해 파직 당해 의령 별장으로 돌아왔다. 한편, 충청목사로 재임하는 동안 팔봉서원八峰書院을 건립하여 지역의 명현名賢인 음애陰崖 이자李耔(1480-1533)와 탄수灘叟 이연경李延慶(1484-1548)을 제향하기도 하였다.

이로부터 4년여는 별장이 있는 의령과 자택이 있는 함안에서 거처하였다. 그러면서 함안 지역 유생들의 교육에 관한 일을 맡아 보던 제독관提督官 업무도 함께 수행하였다. 이때 마침 이황과 조식 두 문하의 동문인 한강寒岡 정구鄭逑(1543-1620)가 함안군수咸安郡守로 부임해 오자 힘을 합해 함안읍지인 『함주지咸州志』를 편찬하였고, 또 풍기에서 시행된 동당시東堂試(문과 초시)를 관장하는 등 향촌 교화를 위해 꾸준히 참여하였다. 정구와 함께 편찬한 『함주지』는 우리나라에서 현존하는 가장 오래된 지방지로서 사료적 가치가 높다.

이렇게 몇 년을 향리에서 보낸 후 49세(1588, 선조 21) 때 다시 관직을 제수받아 여름에 성균관사성成均館司成에 제수되고, 가을에는 재해를 입은 평안도를 순찰하는 경차관敬差官으로 임명되었으며, 겨울에는 산과 바다 등에서 생산되는 물산을 관장하는 사재감司宰監의 책임자인 사재감정司宰監正으로 승진되었다. 이어 50세(1589, 선조 22) 되던 해 봄에 광주목사光州牧使로 발령받으면서 춘추관의 편수관을 다시 겸직하였다. 하지만 병세로 오래 근무하지 못하고 이듬해인 1590년 겨울 사직하고 의령 별장으로 돌아왔다.

광주목사 재임시에는 6월 복날 식영정息影亭에서 열린 '성산계류탁열星山溪柳濯熱' 모임, 즉 성산 자락 버드나무 골짜기에서 열린 피서 모임에 참석하여 지역 사림들과 유대를 가졌다. 이 자리에는 서하棲霞 김성원金成遠(1525-1597)·고암皷岩 양자정梁子渟

(1527-1597)·설월당雪月堂 김부륜金富倫(1531-1598)·삼계三溪 최경회崔慶會(1532-1593)·창랑滄浪 정암수丁巖壽(1534-?)·율정栗亭 김복억金福億(1542-1600)·관해觀海 임회林檜(1562-1624)·전랑殿郎 정대휴鄭大休·기성期聖 김사로金師魯·국서國舒 김영휘金永暉 등 영호남의 유림이 다수 참여하여 우의를 다졌다.

27세(1566)에 과거에 급제한 후 성균관의 학유를 시작으로 광주목사를 그만둘 때까지, 중간에 사직하여 낙향해 있던 몇 년의 기간을 제외하고 근 20여 년 동안의 관직생활을 일별하면, 죽유는 주로 지방관으로 돌거나 내직이라도 주로 낮은 벼슬에 머문 것을 알 수 있다. 이는 객관적으로 보더라도 죽유가 지닌 능력과 재능을 온전히 발휘하기에는 그릇이 작은 자리들이었다. 정선군수로 임명되었을 때 이황 문하의 동문 선배인 소고嘯皐 박승임朴承任(1517-1586)이 이를 두고 능력을 갖춘 사람을 십실지읍十室之邑에 발령을 낸 모양새라고 아쉬워한 것이 이 점을 잘 말해준다. 십실지읍은 『논어』에 나오는 말로 10가구 정도 사는 작은 고장이라는 뜻이다. 그러니까 박승임의 한탄은 소 잡는 칼을 닭 잡는 일에 쓴 형국이라는 비판인 셈이다. 죽유 사후 영주 지역의 사림을 대표하여 제문을 쓴 박승임의 아들 취수헌醉睡軒 박록朴漉(1542-1632) 역시 난새[鸞鳥]의 자질과 동량棟梁의 재목을 지녔음에도 평생 지위가 덕에 맞지 않아 은택을 크게 펴지 못했다고 아쉬워했다. 하지만 그럼에도 불구하고 죽유는 세태의 호불호나 직위의 높고 낮음에 개의치 않고 어느 자리에 가던지 열과 성을 다하여 관리로서의 본분을 다하였다.

3) 국난 극복에 헌신하다 – 임란기

죽유는 임진왜란을 의령 별장에서 맞았다. 광주목사를 끝으로 벼슬에서 물러난 지 대략 1년 반 정도의 시간이 흐른 뒤다. 조선 개국 이후 직면한 초유의 국난을 극복하기 위해 죽유가 처음 시작한 일은 의병장 곽재우의 재기를 돕는 것이었다. 임진왜란이 일어나자 곽재우는 4월 22일 고향 의령에서 의병을 일으켜 낙동강을 오가는 왜적을 유격전으로 습격하여 전과를 올렸다. 전쟁이 발발한 지 채 열흘도 되지 않아 경상우도가 왜적에게 유린된 데에는 당시 경상감사로 있던 김수金睟의 잘못이 컸다. 그는 임지인 진주에 있으면서 동래가 함락됐다는 말을 듣고 가야와 거창 등지로 도망다니다가 전라감사 이광李洸과 충청감사 윤국형尹國馨이 근왕병을 일으킨다는 소식에 휘하 100여 명의 군사를 이끌고 그쪽에 참가해 버렸다. 이처럼 방어선이 채 설치되지도 못하고 무너지자, 왜적은 그야말로 파죽지세로 곡창인 호남을 수중에 넣기 위해 경상우도로 밀려들어 왔다. 곽재우의 의병은 이런 상황에서 일어난 경상우도의 첫 봉기였다.

그러나 곽재우의 이러한 구국활동은 김수와 경상병사 조대

곤曹大坤의 모함으로 거꾸로 토적土賊으로 몰려 데리고 있던 장병들이 모두 흩어지는 곤란을 겪고 말았다. 이에 실망한 곽재우는 모든 것을 포기하고 지리산으로 들어가 숨기로 하였다. 그 과정에서 곽재우는 의령의 가례리 백암마을을 지나다 죽유를 찾아와 만났다. 이 만남에서 죽유는 곽재우의 창의를 높이 평가하고 다시 일어설 것을 권유하며 자신의 말과 노비 예닐곱 명을 솔선하여 내놓았고, 이어 인근의 사족들에게도 병사를 내도록 독려하여 의병진을 다시 갖출 수 있게 한 후 곽재우를 의병장으로 재추대하였다.

죽유와 곽재우의 이러한 의기투합에는 앞서 말한 두 사람 사이의 이중삼중으로 연결된 인척 관계도 촉매제로 작용하였다. 우선 곽재우는 죽유의 처가인 김해허씨와 이중의 혼반관계에 있었다. 이에 따라 곽재우의 부친 곽월郭越은 죽유의 처종고모부妻從姑母夫였고, 곽재우 휘하의 이른바 17 장령將領 가운데 한 사람이었던 허언심許彦深은 죽유의 재종처남이자 곽재우의 자형이었으며, 무기 수선을 담당했던 강언룡姜彦龍이라는 인물은 죽유와 종동서從同壻 사이였고, 또 한 사람 허도許燾는 죽유의 처재종질이자 아들 오여은의 사돈이었다. 이렇게 종으로 횡으로 연결된 유대망을 통해 죽유는 곽재우의 재창의를 적극 지원할 수 있었다.

죽유의 적극적인 활약에 힘입어 곽재우를 대장으로 하는 의병진이 새롭게 구성되었다. 주요 구성원은 대장 곽재우 아래 영장領將에 구산龜山 윤탁尹鐸(1554-1593), 도총都摠에 매계梅溪 박사제朴思齊(1555-?) 그리고 수병장收兵將에 죽유를 비롯하여 죽헌竹軒 이운장李雲長(1541-1617), 이안伊安 심대승沈大承(1556-1606) 등이었다. 이 명단에서도 알 수 있듯이, 당시 죽유는 정3품인 목사를 역임한 사족이고 나이도 곽재우보다 열두 살이나 위였음에도 이를 개의치 않고 흔쾌히 그 휘하로 들어가 군사 모집과 군량 조달을 담당하는 일을 맡아 적극 도운 것이다. 그 결과 이 의병대는 낙동강 서쪽 경상우도의 고을들을 지켜내는 데 많은 공을 세웠다. 이는 대의를 위해서는 사사로운 이해관계에 얽매여서는 안 되며, 일을 하는 데는 모름지기 그 실질적인 성과를 중시해야 한다는 그의 실사구시적 삶과 인품을 충분히 엿볼 수 있는 대목이 아닐 수 없다.

이렇게 죽유는 개전 초기 곽재우를 도와 의병을 재구성하여 적의 예봉을 일차적으로 꺾은 후, 퇴계 문하의 동문인 학봉 김성일이 백성들을 진무하는 초유사招諭使로 임명되어 오자 향병을 모집하는 일을 맡은 임시 관직인 소모관召募官으로 발탁되어 그 휘하에 들어갔다. 이때 죽유가 소모관으로 발탁된 데에는 사연이 있다. 김성일이 초유사를 제수받고 임지로 가는 길에 의령에 당도하여 정진나루를 통해 남강을 건너려 하자 여러 장수들이 바로 가는 길은 너무 가까워 적의 속임수에 빠지기 쉽고 또 나루에 배도 없으니 돌아서 진양(진주) 땅으로 가는 것이 좋겠다고 건의하였다. 그러자 죽유가 나서 초유사가 온다는 소식에 군민의 사기가 배가되었는데 이제 우회해서 들어간다면 사기가 다시 떨어질까 염려된다고 의견을 내었다. 이 말을 들은 김성일은 원래 계획대로 정진나루를 바로 건넌 뒤 죽유를 소모관으로 삼았다.

김성일은 경상좌도인 안동 출신이었으므로 경상우도의 상황에 대해서는 사실 밝지 못했고, 지역 사족들과의 유대도 거의 없었다. 경상우도의 남명학맥과는 교유 경험이 별로 없었던 그로서는 불가피한 일이었다. 따라서 이 간극을 메우는 데는 경상우도의 함안, 의령과 경상좌도의 영주에 모든 연고가 있었을 뿐만 아니라 퇴계학맥과 남명학맥을 드나든 죽유가 적임이었다. 이런 자산을 바탕으로 죽유는 경상우도의 전쟁 상황을 김성일에게 수시로 전하고 조언하는 등 그가 초유사로서의 임무를 성공적으로 수행할 수 있게 적극 도왔다. 합천의 삼가현三嘉縣이 경상도의 남북 중간 지역임을 들어 초유사의 지휘소를 이곳에 두도록 건의한 것이 좋은 예다. 김성일이 죽유를 소모관으로 삼은 것은 그의 이런 장점을 충분히 활용하고 또 도움 받고자 한 의도가 배경으로 가로놓여 있는 것이다.

소모관으로 임명된 죽유는 바로 수천의 군사를 모아 영산(창녕군 영산면) 땅 위아래로 강의 여울을 지켜 영산과 창녕, 현풍 등지를 왕래하는 적을 막았다. 이를 높이 평가한 김성일이 그 공적을 조정에 보고하여 7월에 특별히 승문원承文院 판교判校를 제수받았다. 그리고는 10월에 초유사에 이어 순찰사巡察使 업무를 보

환아정의 옛모습

던 김성일을 수행하여 산음山陰(현재의 산청)에 주둔하였다. 이때는 바로 진주목사 김시민金時敏(1554-1592) 등이 죽음으로 진주성을 지켜낸 직후였는데, 당시의 우국충정을 죽유는 「산음으로 가는 길에 짓다[山陰道上作]」라는 제목의 시에 담았다.

몸은 천령 땅 깊은 밤에 숨기고, 竄身天嶺夜
풍설은 환아정 처마 아래서 피하네. 風雪換鵝亭
남은 생 얼마인지 알 수 없는데, 殘生不可問
임금은 지금 그 어디 계실런지. 何處覓神京

이렇게 동분서주하며 전쟁 발발 첫 해를 보낸 죽유는 다음해 불행히도 누구보다 가까이 의지했던 두 사람을 먼저 떠나보낸

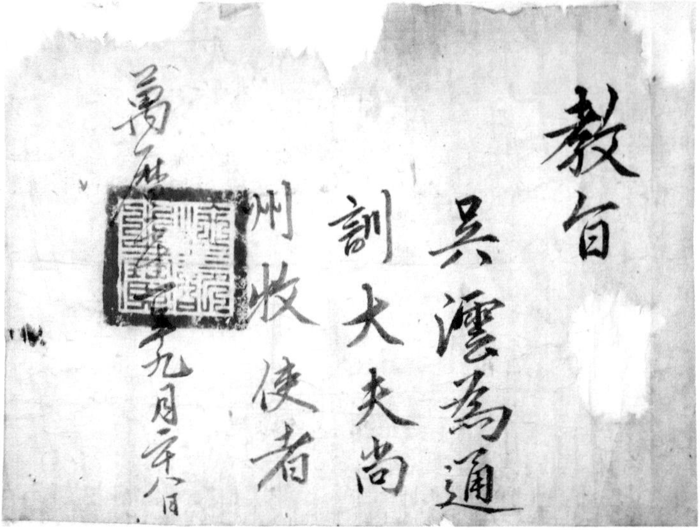
敎旨
吳澐爲通訓大夫尙州牧使者
萬曆[illegible]年九月 日

죽유 상주목사 교지

다. 한 사람은 4월에 죽은 형님 진溍이다. 주손으로 집안을 든든히 이끌던 형 진은 1533년(중종 28)생으로 죽유보다 일곱살 위였다. 어린 나이에 어머니가 돌아가셨을 때 함께 여막을 짓고 삼년상을 치렀고, 또 큰집에 아들이 없자 자신의 둘째 여벌汝橃을 입후시켜 대를 잇게 했을 정도로 죽유는 형님과 우애가 깊었다. 또 한 사람은 역시 같은 달 운명한 김성일이다. 김성일은 경상우도 감사로 재직하며 제2차 진주성 전투를 독려하다가 병으로 쓰러졌다. 죽유가 김성일에게 보낸 편지를 보면 당시 진주 인근에는 심한 역병으로 시체가 길에 가득할 지경이었는데, 김성일 역시 백성들을 진무하고 전투 준비태세를 점검하는 등의 활동을 하다 병마에 화를 당한 것이다. 김성일과 죽유는 상하 관계를 떠나 이황의 문하에서 동문수학한 막역한 사이였기에 슬픔이 컸을 것이다. 이 때문에 김성일의 임종을 지킨 죽유는 휘하에 같이 있던 조종도趙宗道(1537-1597), 박성朴惺(1549-1606) 등과 함께 시신을 직접 염습하였다.

죽유가 시에서 거처를 걱정했던 임금 선조는 같은 해 9월 한양으로 환궁했다. 그리고 죽유는 상주목사를 제수받았다. 그러나 얼마 지나지 않아 병으로 사임하고 장인으로부터 상속받은 가옥과 토지가 있는 영천榮川(현재의 영주)의 초곡으로 돌아왔다. 초곡에는 전쟁 초기 이곳으로 피신시킨 가족들이 먼저 삶의 터전을 일구고 있었다. 죽유는 이곳에 거처하면서 전쟁 초기 자신이 경험한 바를 서술한 『용사난리록龍蛇亂離錄』을 지었다. 불행히도 이 책은 지금 전하지 않는다.

그러나 초곡에서의 휴식도 잠시일 뿐, 55세(1594, 선조 27) 되던 이듬해 5월 내섬시정內贍寺正으로 임명되어 다시 벼슬길에 올랐다. 하지만 이내 6월에 합천군수를 다시 제수받음으로써 내섬시정에는 나아가지 못하고 군수로 바로 부임하였다. 당시 합천에는 명나라군이 주둔하면서 갖가지 문제를 일으키고 소란을 피워 고을이 많이 피폐해진 상황이었는데, 죽유가 부임하여 각고의 노력을 기울여 이를 회복시켰다. 이것을 지켜본 순찰사 서성徐渻(1558-

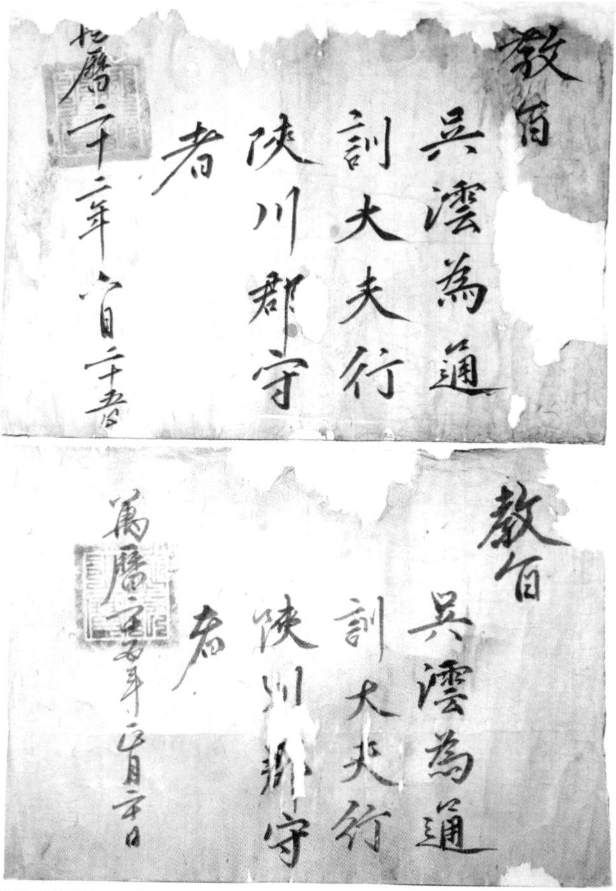
教旨
吳澐爲通訓大夫行
陜川郡守
者

教旨
吳澐爲通訓大夫行
陜川郡守
者

죽유 합천군수 교지

1631)이 조정에 몇 차례 보고를 올려 벼슬 승진을 상신하였다. 이에 4월에 춘추관 편수관을 겸하게 되었다.

명과 왜의 강화회담으로 상당 기간 소강상태에 머물던 전쟁은 죽유 나이 58세(1597, 선조 30) 때인 정유년에 강화 결렬로 다시 타올랐다. 바로 정유재란이다. 이를 틈타 왜장인 가토 기요마사[加藤清正]가 가을에 호남에 대한 공격을 새롭게 개시하자 절도사를 비롯하여 대부분의 사람들이 도망을 쳤다. 하지만 죽유는 임지인 합천을 벗어나지 않고 휘하들을 독려하여 많은 적을 죽이고 포로로 사로잡았다. 이를 평가한 도원수 권율權慄(1537-1599)이 조정에 장계를 올려 포상을 청하였고, 조정도 이에 부응하여 8월에 특별히 품계를 올려 정3품 당상관인 통정대부通政大夫를 제수하였다. 한편, 이 당시 죽유는 권율의 밑에서 백의종군하던 이순신을 만나 군사에 관한 일을 의논하기도 하였다. 『난중일기亂中日記』의 정유년(1597) 기록에 합천군수 오운이 사람을 보내 안부를 묻고 햅쌀과 수박을 보내기도 했으며, 또 직접 찾아와 산성山城에 관한 일들을 의논했다는 등의 내용들이 이를 증명한다.

그러나 오랜 전시 생활로 몸이 다시 병마로 고통 받음에 따라 4년여의 합천군수 직책을 사직하고 59세(1598, 선조 31) 되던 해 봄에 초곡의 집으로 돌아왔다. 하지만 전란이라는 위급한 국가적 상황은 죽유를 그냥 쉬게 내버려두지 않았다. 집으로 돌아온 지 채 한 계절이 지나지 않은 7월에 중앙군사조직인 5위衛 가운데 하나인 의흥위義興衛의 정6품 무관직인 사과司果를 제수받아 다시 벼슬길로 나왔다. 그리고는 겨울에 명나라 제독 진린陳璘(1543-1607)을 응대하는 접반사接伴使를 맡아 호남으로 가 진린을

영접하고 이듬해(1599) 1월 그를 따라 한양으로 돌아왔다. 이어 4월에 첨지중추부사僉知中樞府事, 5월에 장예원掌隷院의 판결사判決事, 6월에 별시別試 시험관 등을 차례로 거쳤고, 선영先塋을 개장하는 일로 두 번이나 사직소를 올린 뒤에야 윤허받고 관직에서 물러났다. 당시 고향 함안의 선영에 모셔져 있던 증조 석복 이하 3대의 묘는 정유재란 때 왜적에 의해 훼손되는 변을 당했으나 공무로 바빠 유골만 수습해 있던 상태였다.

이상 임진왜란기의 죽유의 활동상을 정리하면, 명분보다 실질을 숭상하여 일의 성과를 무엇보다 중시하는 태도가 여기서도 어김없이 발휘되고 있음을 알 수 있다. 몸을 낮춰 기꺼이 곽재우의 막하에 들어간 일이라든가, 이미 정3품 통정대부의 신분에 올랐음에도 다시 정6품인 의흥위 사과의 직책을 임명받자 향리에서 요양하던 아픈 몸을 이끌고 묵묵히 소임을 다하는 모습이 그 비근한 예이다. 조선의 사대부로서의 본분에 충실한 모습이 아닐 수 없다.

4) 사통師統을 진작하고 역사를 바로잡다 – 은퇴기

환갑을 1년 앞두고 선영을 보수하기 위해 물러난 뒤에 죽유가 관직에 일체 나아가지 않은 것은 아니다. 이후로도 61세(1600, 선조 33)에 충좌위忠佐衛 부사과副司果 겸 오위장五衛將, 62세(1601, 선

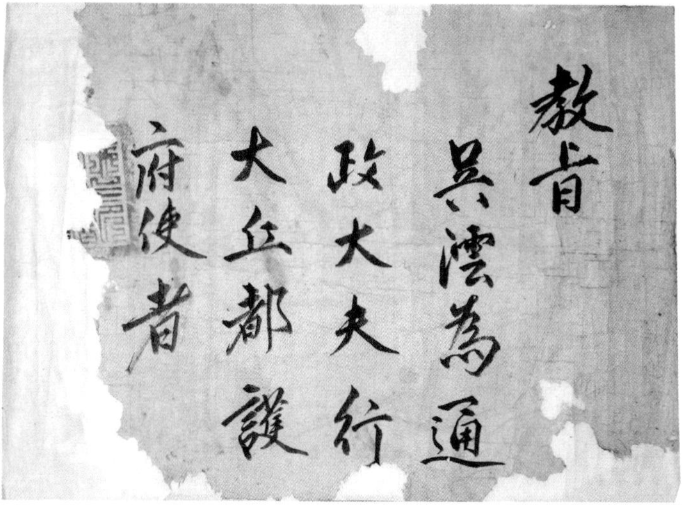
教旨
吳澐爲通
政大夫行
大丘都護
府使者

죽유 대구도호부사 교지

조 34)에 대구도호부사大邱都護府使, 69세(1608, 선조 41)에 용양위龍驤衛 부호군副護軍과 경주부윤慶州府尹, 77세(1616, 광해 8)에 공조참의工曹參議와 청송부사青松府使를 차례로 제수받았다. 하지만 이 가운데 충좌위 부사과 겸 오위장과 용양위 부호군은 각각 선조의 정비인 의인왕후懿仁王后(1555-1600)와 선조의 국상國喪 참여를 위한 명예직 성격의 한시적 자리였고, 대구도호부사는 제수받자 나아가지 않고 바로 사직하였음을 감안하면 실제로 부임한 것은 경주부윤과 청송부사 둘 뿐이었다.

그나마 그마저도 경주부윤은 재임 7개월, 청송부사 또한 재

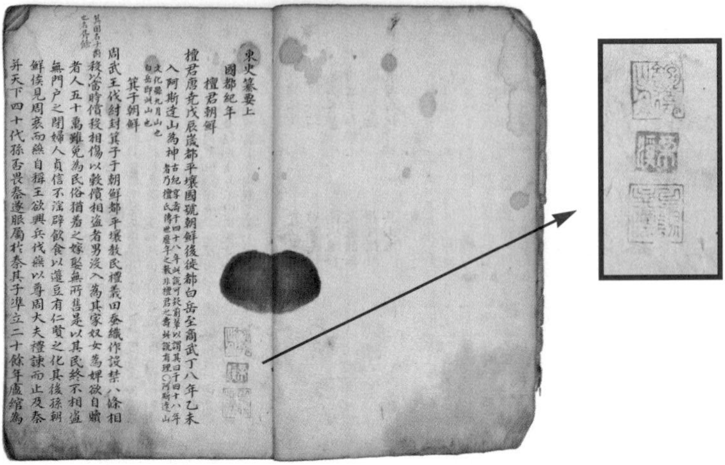

죽유종가 장서인藏書印 '율계栗溪'

임 6개월로 모두 1년이 안 되어 그만 두었다. 그러므로 임진왜란이 끝나고 작고할 때까지의 이 기간을 죽유의 삶에서 실질적인 은퇴기로 보는 것은 여러모로 합당하다.

대구도호부사를 사직한 뒤에는 초곡의 귀천龜川 위에 집을 짓고 여생을 보낼 생각을 하고 호를 율계栗溪라고 하였다. 중국 북송의 성리학자 주돈이周敦頤가 '고향의 산이 눈 속에 있네[鄕山在目中].' 라고 한 데서 의미를 취했다고 전해지는데, 이는 '율계'가 바로 죽유의 선대가 살던 곳을 가리킴을 의미한다. 부연하자면, '율계' 라는 호는 초곡을 고향으로 생각하며 나머지 생을 살겠다는 의지의 표현인 셈이다.

또한 76세(1615, 광해 7)에는 평소 거처하던 방에 작은 창을 내고 '죽유정사竹牖精舍'라 이름을 붙이고 지금 가장 많이 알려진 호인 '죽유'를 자호로 삼았다. 이것 역시 선유先儒인 주희의 '대나무 창을 해를 향해서 여네[竹牖向陽開].'라는 시 구절에서 따온 것이다. 이런 일화들은 죽유가 초곡에서의 삶을 마지막 여생으로 여겼음을 보여준다. 연보에서는 낙향한 뒤로 독서에 심취하여 손에서 책을 내려놓지 않았으며, 그중에서도 특히 『주역周易』과 『주자대전朱子大全』을 즐겨 읽었다고 전한다.

이 시기 죽유가 주로 힘을 쏟은 것은 스승 이황을 비롯한 제현의 문집과 유행儒行을 정리 선양하는 일과 저술을 통해 역사를 바로잡는 일이었다. 먼저 초곡으로 낙향한 61세(1600, 선조 33) 되던 해 5월 동문들과 함께 『퇴계문집』을 간행하는 기쁨을 맛보았다. 이때 간행된 문집은 경자본庚子本으로 불리는 초판본이다. 월천月川 조목趙穆(1524-1606)이 주도하여 1599년(선조 32)에 간행하기 시작하여 이황 사후 30년이 되는 이 해에 완료되었다. 원집原集 49권에 별집別集 1권, 외집外集 1권 등 총 51권 31책의 규모였다. 죽유는 이 과정에서 백암栢巖 김륵金玏(1540-1616), 안촌安村 배응경裵應褧(1544-1602) 등과 함께 퇴계선생 연보를 교정하는 일을 맡았다. 문집이 간행되자 도산서원 고유제에 참석하고 이를 기념하여 천연대天淵臺에서 동문 및 지인들과 종일토록 강론하였다.

6월에는 이산서원伊山書院에서 소고嘯皐 박승임朴承任(1517-

1586)의 문집을 교정하였다. 이산서원은 1558년(명종 13) 영천(영주) 군수였던 안상이 창건한 학사學舍가 모태이다. 이황이 생전에 주자의 백운동서원 원규院規를 모델로 하여 이후 건립된 서원들의 표본이 된 이산서원 원규를 제정한 곳이기도 하다. 이런 인연으로 이황이 죽자 지역 유림들이 공론을 모아 1572년(선조 7) 사당을 세우고 이황의 위패를 모셨고, 이듬해인 1574년(선조 9)에 사액서원으로 승격되었다. 이후 1614년(광해 6) 서원이 무너질 위험에 처하자 죽유가 주도하여 현재의 위치로 이건하였다.

한편, 박승임 또한 이황의 제자 그룹 가운데 영주 지역을 대표하는 고제高弟였다. 그의 문인록에는 영주·봉화를 비롯한 북부지역을 아우르는 52명의 문인이 수록되어 있다. 이 때문에 월천(조목), 서애(류성룡), 학봉(김성일), 한강(정구) 학맥과 함께 초창기 이황 문하 5대 학맥 가운데 하나였다고 평가해도 무방할 정도이다. 나이도 이황 제자 그룹의 맏형격인 조목보다 일곱 살 위였고 죽유보다는 스물세 살이나 많은, 거의 아버지뻘에 해당하는 스승격의 선배였다. 『퇴계집』 간행 때와 마찬가지로 죽유는 이때에도 김륵, 배응경 등과 함께 작업하여 4권 2책으로 『소고문집』을 펴냈다.

유현儒賢들의 저술을 정리하여 사통師統을 세우는 일은 이후에도 계속되어 66세(1605, 선조 38)에는 『한구소시韓歐蘇詩』를 새로 제본하였고, 68세(1607, 선조 40)에는 『주자감흥시朱子感興詩』 1질을

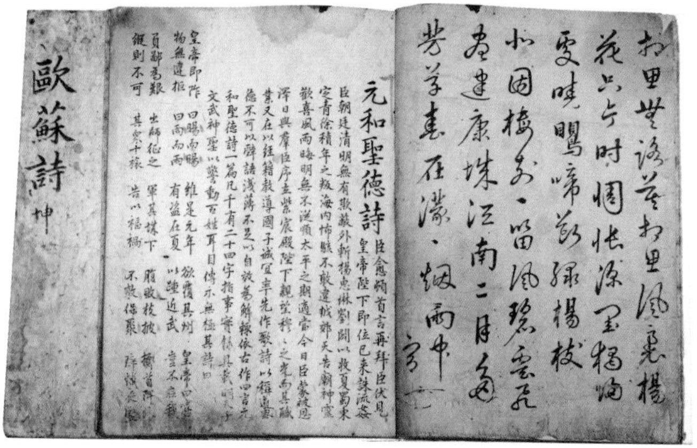

『한구소시』

필사하여 집에 간수하였다. 『한구소시』는 중국의 한유韓愈와 구양수歐陽脩, 소식蘇軾의 시를 추린 책으로, 조부 언의가 평소 교유하였던 이해, 이황 형제와 함께 엮은 것인데 시간이 오래되어 장정이 헤져 있던 상태였다. 그리고 『주자감흥시』는 원래 제목이 「재거감흥시齋居感興詩」로서 주자가 44세 때 건양현建陽縣의 운곡雲谷이라는 곳에 초당을 짓고 강학할 때 진자앙陳子昂의 「감우시感遇詩」를 본떠 지은 오언고시 20수로 된 연작시를 가리킨다. 성리학의 정수가 망라되어 있다고 평가받아 이후 유학자들이 즐겨 연구하고 감상하던 책자였다.

72세(1611, 광해 3) 되던 해에는 손수 작업한 『주자문록朱子文錄』을 완성하였다. 잘 알려진 대로, 주자의 저술은 워낙 방대하여 후학들이 접근하는 데 한계가 있다. 이 때문에 주제별로 간추린 축약본 간행 작업이 종종 있어왔으니, 우리나라의 경우 이황이 편찬한 『주자서절요朱子書節要』나 정조의 명으로 만들어진 『주서백선朱書百選』이 대표적이다. 그런데 스승 이황의 『주자서절요』는 주자의 편지글만을 간추린 한계가 있었다. 이를 고려한 죽유는 이황의 편찬 취지를 계승하여 주자가 지은 봉사封事, 소차疏箚, 잡저雜著, 서序, 기記 가운데서 후학들에게 도움이 되는 것들을 뽑아 이 책을 편찬하였다. 가려 뽑는 작업인 이른바 선록選錄은 원저자의 시각뿐만 아니라 편찬자의 문제의식도 고스란히 드러낸다. 선록할 때는 그 기준이 중요하기 때문이다. 이 점에서 이 책은 죽유의 성리학적 경세론의 일단을 엿볼 수 있는 자료이다. 그러나 유감스럽게도 이렇게 의미있는 책이지만 지금은 없어져 전하지 않는다.

은퇴생활을 보내면서 죽유가 또 하나 집중한 부분은 역사서 저술을 통한 정통성 세우기이다. 세 번이나 개정했을 정도로 공을 들인 『동사찬요東史纂要』가 대표적인 결과물이다. 이 책의 저술 동기에 대해 죽유는 우리 역사를 보고 옛 것을 살펴 오늘을 변증하기 위함이라고 서문에서 말한다. 이런 의도에서 중국의 역사에 대해서는 해박하면서도 정작 제 나라의 역사에 대해서는 잘 모르는 당대의 폐단을 바로잡고, 지나간 일들을 밝혀 오늘을 비추는 거울을 마련하며, 특히 명신名臣과 반흉叛凶의 구분을 분명히 하여 후대에 귀감을 제공하고, 마지막으로 기존에 나와 있던 역사서들이 지니고 있는 문제점을 바로잡기 위해 집필한 것이 바로 『동사찬요』이다.

죽유가 이 책을 처음 완성한 것은 67세 되던 1606년(선조 39)이었다. 내용은 『동국통감東國通鑑』과 『삼국사절요三國史節要』, 『고려사高麗史』, 『동국여지승람東國輿地勝覽』 등 기존의 역사서들을 종합적으로 참고하여 단군檀君부터 고려 공양왕恭讓王 때까지 1449년 동안의 우리나라 역사를 기전체와 편년체 형식을 절충하여 기술한 것이다. 책이 나오자 류성룡은 크게 찬탄하여 이를 선조에게 바쳤고, 이에 대해 선조는 유림의 표준이 될 만한 책이라며 치하했다고 전한다. 이후 『동국지리지東國地理志』를 저술한 한백겸韓百謙(1552-1615)의 의견을 참고하는 등 스스로 미진하다고 생각하는 부분을 여러 차례 수정 보완하여 마침내 75세 되던 1614년(광해 6)에 최종본을 완성시켰다. 그만큼 말년에 공을 많이 들인 저술이라는 이야기이다.

죽유의 은퇴기는 이처럼 사통師統을 정리하고 역사를 바로 세우는 의미있는 시간이었지만, 또한 이 시기는 동고동락했던 지인들을 많이 떠나보낸 가슴 아픈 때이기도 하다. 시간은 사람을 기다려주지 않는 것이 세상의 이치인지라 어쩔 수 없는 일이었겠지만 나이가 들어 하나씩 세상을 달리하는 동문과 지인들의 모습을 보는 것은 고통이었을 것이다. 연보에 기록된 것만 보더라도

64세(1603, 선조 36)에 만취당晩翠堂 김개국金蓋國(1548-1603)과 작별하였고, 65세(1604, 선조 37)에는 성재惺齋 금난수琴蘭秀(1530-1604)를 여의었고, 66세(1605, 선조 38)에는 약포藥圃 정탁鄭琢(1526-1605), 67세(1606, 선조 39)에는 이황 문하의 맏형격인 월천 조목과 숙부 춘당春塘 오수영吳守盈 그리고 이듬해인 68세(1607, 선조 39)에는 마찬가지로 이황의 문하에서 동문수학하고 국난 극복을 위해 함께 노력하였던 서애 류성룡을 차례로 떠나보냈다.

이와 함께 자신에게도 다가올 죽음을 예감해서인지 집안 선조들의 자취를 정돈하는 데도 신경을 썼다. 『한구소시』의 제본을 수선한 것도 어떻게 보면 그런 추념의 발로였을 것이다. 68세 되던 해 가을에는 함안의 선영에 가서 살펴보았다. 이때 고향 지인 60여 명으로부터 검암천儉巖川 변에서 성대한 위로연을 받는 감격도 누렸고, 임진왜란 때 곽재우와 함께 창의하고 중년을 보낸 의령 가례리 백암대 아래에서도 역시 향인들로부터 융숭한 위로연을 대접받았다. 특히 함안에서의 모임은 1584년 수우당守宇黨 최영경崔永慶(1529-1560) · 황곡 이칭 · 황암 박제인 · 대소헌 조종도 · 모촌 이정 · 송강松岡 하항河恒(1546-?) 등 남명 문하 동문들과 젊은 시절 강회講會를 한 이래 많은 지인들을 다시 만나는 자리여서 감회가 새로웠다.

이어 73세(1612, 광해 4) 되던 해 2월에는 순흥順興에 있는 외가쪽 조상인 문간공文簡公 안종원安宗源(1325-1394)의 묘에 있던 지석

誌石이 밖으로 드러난 것을 다시 수습하여 보수하였고, 같은 해 3월에는 본가와 외가 조상들의 행적을 정리한 『가세지家世志』를 완성하였으며, 이듬해(1613) 2월에는 개인적으로 처고모이기도 한 이황의 첫 번째 부인 김해허씨의 묘갈명을 찬하였다. 모두가 자신의 뿌리를 잊지 않는 추원追遠 의식의 발로였다.

하지만 은퇴하여 이렇듯 개인적인 관심이나 혈연 또는 학연과 관계된 일에 치중했다고 해서 죽유가 국정에 대한 근심을 완전히 거둔 것은 아니었다. 잠시지만 경주부윤과 청송부사를 역임한 것도 한 예이다. 특히 죽기 한 해 전 제수된 청송부사는 연로하여 도저히 받들 수 있는 처지가 아니었지만, 바로 앞서 제수된 공조참의 자리 또한 나아가지도 않고 사직한 터라 임금의 명을 연거푸 두 번씩이나 물리치는 것은 신하된 도리가 아니라는 생각에서 병든 몸을 이끌고 부임했다. 국정을 생각하는 죽유의 이러한 염려는 공조참의를 사직하면서 임금 광해에게 올린 사직소(「辭工曹參議疏」, 1616)에 절절히 묻어난다. 죽유는 이 사직소에서 제수된 벼슬을 받들지 못하는 사정을 앞서 이야기한 뒤에 임금에게 오랜 관직 경험으로부터 온축된 다음과 같은 당부의 말을 올렸다.

> 엎드려 생각하온대, 전하께서 친히 큰 전쟁을 겪으시고 나라를 중흥시킬 운수를 맞이하여 베푸신 깊고 두터운 은택이 바

닷가 구석까지 미쳐 백성들이 생업을 즐기니 온 나라 안이 안정되었습니다.

하지만 우매한 신은 지나치게 염려가 됩니다. 정치가 자애로움과 인자함만을 앞세워 상만 있고 벌은 없어졌고, 측근의 말에 너무 치우쳐 부녀자가 나서는 일을 막기 힘들어졌으며, 기강이 해이해져 모든 일이 무너졌습니다. 군정은 탕진되고 민생은 곤궁해졌으며, 재력이 고갈되고 사치는 극에 달했습니다. 공신의 집은 해마다 늘어나는 데 비해 관청의 힘은 날로 약해지고 있습니다. 죄수는 감옥에 가득한데 여러 해를 넘기는 것이 다반사입니다. 전하를 가까이서 모시는 신하들이 숙직을 빼먹는 일이 비일비재하고, 대간臺諫의 상소는 매일 올라가지만 위아래가 서로 뻗대며 승강이를 벌여 혹 해를 넘기는 지경에까지 이릅니다. 이 어찌 전례가 없는 일을 구차하게 고집하여 일의 근간이 손상되는 것을 생각지 않는 것이 아니겠습니까? 반드시 다툼보다 심한 큰 우환이 있을 것입니다. 그런데도 여전히 흐르는 물처럼 간언諫言을 받아들이는데 인색하여 정사가 사사로움을 따르는 데로 돌아가니 신은 그저 민망할 뿐입니다.

전쟁이 일어났다는 소식을 들으면 따로이 변방을 지키러 갔으니, 국법은 본래 엄하여 활 쏘고 말 타는 일을 얼마간 익히면 세족의 자제라 하더라도 감히 뒤로 빠지지 못했습니다. 임진란 초기에는 창졸간에 무너졌으나 끝내 한 명의 적을 죽이고 한 뼘의 땅을 지킨 것은 이들의 힘이 컸습니다. 조정에서는 전쟁이 끝나자 과거를 개설하고 무사를 선발하여 한 번에 수백 명을 뽑기도 하였는데, 이는 변방을 지키고 적을 토벌하기 위함이었습니다. 하지만 한 번 과거에 붙으면 백방으로 빠져나갈 궁리를 하여 제사諸使의 군관이나 본읍本邑 군관, 무학武學의 대총隊摠(지휘관) 칭하거나 베로 군포를 대납하고는 편안히 집에 물러나 있으니, 결국 순번이 되어 달려가는 자는 삽을 둘러메고 낫을 찬 가장 가난하고 용렬한 자들 얼마뿐입니다.

열성조 이래 선왕(선조) 대에 이르기까지 특별히 어사를 파견하거나 혹은 순찰사나 안찰사로 호칭하고 또 혹은 암행을 명하여 군정의 준수상황과 수령의 청렴도, 백성들의 생활 등이 위로 보고되지 않음이 없었으니, 이것이 왕도정치의 근간인 것입니다. 그런데 전하께서 즉위하신 뒤로는 중앙에서 오는 어사를 한 사람도 보지 못했으니 조야가 실망하고 식견있는 사람들이 몰래 한탄하는 실정입니다. 신은 감히 전하의 의중이 어디에 있는지를 알지 못하겠습니다. 듣기로 서북 변방의 방비가 더욱 급하다고 하니, 엎드려 바라옵건대 조정의 조치는 적이 쳐들어왔을 때처럼 해야 합니다. 단지 우리를 미루어 적의 사정을 헤아린다면 보좌가 주도면밀해야 나라가 강성해진다는 병가兵家의 이론에 미치지 못할까 저어하옵니다.

신이 또 듣건대, 임진왜란 전에 적장 소서행장 등이 우리의 변방을 드나들며 동래부사가 적임자가 아님을 염탐하여 알고는 변란의 계책이 더욱 무르익었다 하니, 풍신수길의 흉악함이 비록 운수에 달렸다고 해도 어찌 이처럼 간교하게 우리의 허실을 살핀 데서 비롯된 것이 아니겠습니까? 신의 어리석은 생각으로는 동래부사를 선발하여 임무를 부여하는 일은 경상감사의 지휘 아래 두는 것이 아닌 듯하옵니다. 자고로 적과의 접경 지점을 잘 지키는 자를 보배로운 구슬에 비하거나 빗장에 비유하는 것이 어찌 의미없이 하는 것이겠습니까?

신이 일찍이 『주자대전』을 읽었는데, 모든 말이 치세의 모범이 아닌 것이 없었습니다. 담긴 뜻이 광대하여 얕은 식견으로 쉬이 헤아릴 수는 없으나 봉사封事와 주차奏箚 같은 것은 강령과 조목이 정연하고 근본과 그릇된 것을 바로잡아서 애군과 우국의 뜻을 더욱 볼 만하니 경륜의 대략이 여기에 갖추어져 있어 전하께서 보기에 더욱 와닿을 것입니다.

그동안 경연을 행할 때 경전과 역사서 외에 『대학연의大學衍義』, 『근사록近思錄』이 때때로 강론되었으나 주자서朱子書의 경우는 그런 예가 없었습니다. 신이 엎드려 바라옵건대, 주자서 가운데 소차疏箚 부류는 특별히 인출하도록 명하시어 틈이 나실 때 집중하여 읽으셔서 당일의 옳고 곧은 의론을 친히 듣는 것 같이 하신다면 옛날과 지금이 비록 다르나 경계하며 깨

닫는 법도는 한 가지일 것입니다.

금나라의 침입으로 송나라가 남쪽으로 내려간 지 60여년에 주자가 쓴 소차와 지인들과 주고받은 문답글을 이제 보니, 화제가 복수라는 말에 이르면 그 비분강개하며 펼치는 논의가 마치 어제 일을 이야기하는 것 같았습니다. 그런데 우리나라는 전쟁을 겪은 지 겨우 10년밖에 안되었는데도 복수의 뜻을 입에 올리는 것을 거의 듣지 못하였으니, 신은 통탄스러울 뿐입니다.

엎드려 바라옵건대, 전하께서 기강을 진작시키고 군정을 엄숙히 하며 백성들의 수고로움을 늦추고 궁궐을 엄하게 단속하고, 사사로움에 치우치는 것을 없애고 간하는 말을 받아들이소서. 이는 모두 전하의 마음에 달려 있습니다.

신은 우매하여 다만 보고 들은 바를 아뢴 것일 뿐입니다. 글이 졸렬하고 말이 속되고 또 분에 넘쳤지만 죽는 날이 눈앞에 닥치고 병으로 조정에 나아가지도 못하는 까닭에 생각한 바를 전하께 진달하지 못한다면 제 평생의 염원을 저버릴까 저어하오니, 엎드려 바라옵건대 전하의 자애로움으로 제 마지막 울음을 굽어 살피시고 보잘 것 없는 진언을 받아주시옵소서. 신은 하늘을 바라보고 높은 대궐을 바라보며 두렵고도 간절한 마음을 견딜 수가 없습니다.

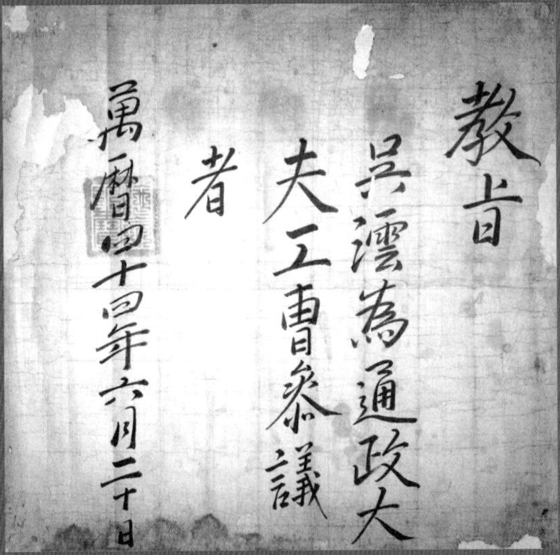

教旨
吳澐爲通政大
夫工曹參議
者
萬曆四十四年六月二十日

죽유 공조참의 교지(위)와 사직소(아래)

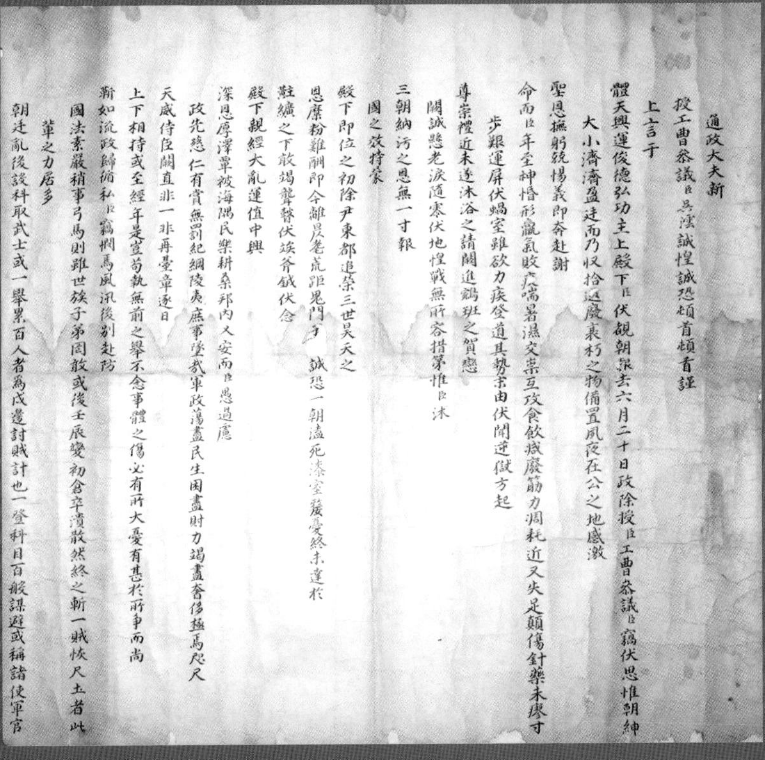

通政大夫新
授工曹叅議臣吳澐誠惶誠恐頓首頓首謹
上言于
體天興運俊德弘功主上殿下臣伏覩朝報去六月二十日政除授臣工曹叅議臣竊伏思惟朝紳
大小濟濟盈廷而乃收拾返廢衰朽之物備置夙夜在公之地感激
聖恩撫躬統惕義即奔赴謝
命而臣年垂神㥲形羸氣眩痰喘暑濕交祟互攻食飲減廢筋力凋耗近又失足顚傷針藥未瘳寸
步艱運屛伏蝸室雖欲力疾登道其勢末由伏聞逆獄方起
尊崇禮近未遂沐浴之請闕進鵷班之賀戀
闕誠懸老淚隨零伏地惶戰無所容措第惟臣沐
三朝納汚之恩無一寸報
國之效特蒙
殿下即位之初除尹東都追榮三世昊天之
恩糜粉難酬即今齡踰耄荒距鬼門不 誠恐一朝溘死漆室嫠憂終未達於
黈纊之下敢竭聾瞽伏俟斧鉞伏念
殿下親經大亂運值中興
深恩厚澤覃被海隅民樂耕桑邦內乂安而臣愚過慮
政先慈仁有賞無罰紀綱陵夷庶事墜㢮軍政蕩盡民生困盡財力竭盡奢侈極焉咫尺
天威侍臣闕直非一非再臺章逐日
上下相持或至經年是豈苟執無前之擧不念事體之傷必有所大憂有甚於所爭而尚
漸如流政歸循私臣竊憫焉風汛後別赴防
國法素嚴稍事弓馬則雖世族子弟罔敢或後壬辰變初倉卒潰散然終之斬一賊恢尺土者此
輩之力居多
朝廷亂後設科取武士或一擧累百人者爲戍邊討賊計也一登科目百般謀避或稱諸使軍官

죽음을 눈앞에 둔 늙은 신하가 전쟁 뒤 생기게 마련인 시류의 폐단을 날카롭게 지적하고 그 대안을 제시하고 있는 모습을 떠올리게 하는 내용이다. 특히 『주자문록』의 편찬을 통해 축적한 경험을 바탕으로 임금에게 치도治道의 전범으로 주자의 상소문들을 일독하라 권하는 대목은 현실과 동떨어진 공리공담을 멀리하고 실사구시를 지향하는 죽유의 일관된 모습을 다시 한 번 잘 보여준다.

죽유는 이 사직소를 올린 후 다시 제수된 청송부사 자리를 77세의 노구를 무릅쓰고 임금에 대한 신하의 도리를 받들려 부임하였다. 하지만 병든 몸은 이미 그것이 감당 가능한 일이 아님을 말해주고 있었다. 이 때문에 할 수 없이 병을 이유로 다음해 2월 사직하고 초곡으로 돌아왔다. 그리고 한 달 뒤인 1617년(광해 9) 3월 3일 영주 초곡 집에서 생을 마감하였다. 향년 78세였다. 임금 광해가 부의賻儀하고 다음과 같이 제문을 내렸다.

영령께서는
산악의 정기를 모아서 화락한 성품을 타고 났도다.
선비는 집안 대대로 나오고 고관대작 대이어 이어졌네.
도는 퇴계를 사모하였고 학문은 남명을 마루로 삼았으며,
필법은 왕희지王羲之와 조맹부趙孟頫를 따르고,
시는 소식蘇軾과 황정견黃庭堅을 본떴네.

維靈

精鍾山嶽 性稟愷悌　縫掖傳家 簪纓奕世

道慕退陶 學宗山海　筆追王趙 詩摸蘇黃

약관에 과거에 급제하여 높은 자리에까지 올랐도다.

호련瑚璉* 같은 재주 지녔지만 낭관의 낮은 자리도 마다하지 않았지.

백 리의 지방관이 되어 백성 근심 나누고 오부에서 거문고를 탔다네.

홀아비 과부에게까지 은혜 두루 미치니 마을에선 노래소리 퍼져 나갔지.

鸎遷弱冠 鵬擊天潢　器抱瑚璉 賢屈郎潛

百里分憂 五府鳴琴　惠洽鰥寡 謠騰桑麥

늙은 원로를 버려둔 데는 나에게 책임이 있도다.

오랫동안 남쪽 지방에 있으면서 우리 역사를 찬수하였으니,

유림에 표준을 세워 천 년의 모범을 세웠도다.

전원에서 늙으면서도 임금에 대한 충성심은 대궐을 향했네.

播棄黎老 予有厥責　久遯南服 纂修東史

立標儒林 垂鑑千禩　首晧丘園 心丹魏闕

한 번 상소를 올려 두어 말의 심혈을 쏟아내는데,

임금을 계도하는 마음 가상하여 나의 동량으로 생각하였도다.

학은 구름숲을 생각하고 봉황은 푸른 소나무에 깃들건만,

하늘은 어찌 경을 남겨두지 않고 내게서 빨리 빼앗아 간단 말인가.

一封辭章 數斗肝血　　嘉乃啓沃 擬予楝隆

鶴思雲林 鳳棲靑松　　天胡不憖 而速我奪

오복을 온전히 누렸으니 경은 여한이 없겠지만,

나의 슬픔은 좌우를 잃은 것만 같구나.

이에 예관禮官을 보내 경에게 치제致祭하니,

영령께서 지각이 있다면 나의 정성 흠향하시게.

旣全五福 卿無恨缺　　予懷之悲 左右如失

玆遣禮官 致祭于卿　　靈如有知 庶歆予情

*호련瑚璉: 종묘제사에서 중요한 음식을 담는 그릇을 가리키며, 유용한 인재를 상징하는 말로 많이 쓰임.

죽유 오운 묘소(영주 초곡)

장례는 석 달 뒤인 6월 3일 치러졌으며, 집에서 동쪽으로 얼마 떨어지지 않은 첩석리疊石里(현 영주시 조암동)에 묻혔다. 사후에 선무원종공신宣武原從功臣 1등에 책록되고 병조참판에 증직되었다. 영주의 산천서원山泉書院과 한천서원寒泉書院 그리고 남계南溪 세덕사世德祠에 배향되었다.

돌이켜 보면, 27세에 문과에 급제하여 관직에 있은 지가 청송부사까지 헤아리면 50여 년이 되었지만, 중앙의 주요 관직보다는 주로 지방관을 많이 담당하였고, 출세의 지름길인 청요직淸要職에는 들지 못한 삶이었다. 마지막으로 제수받은 부사는 44세 때 역임한 목사(충주목사)보다도 한 단계 낮은 직책이었다. 광해조의 실세였던 대북파大北派의 영수로 임금의 신임을 한 몸에 받았던 정인홍鄭仁弘이 남명의 문하에서 함께 배운 동문이자 손녀딸을 고리로 한 인척간이었음을 감안할 때 약간의 생각과 관심이라도 있었다면 높은 직위에 오르는 것도 그리 난망한 일이 아니었을 것이다. 하지만 그는 그러하지 않았다. 그것은 올바른 길이 아님을 알았기 때문이다.

3. 죽유의 사람됨

생애를 통해 알 수 있듯이, 죽유의 삶은 허명虛名을 경계하며 실질을 추구한 한평생이었다. 이런 삶에 대하여 학사 김응조는 죽유의 묘갈명墓碣銘에서 다음과 같이 그 사람됨을 기렸다. 이 묘갈명은 당시 정조 때 정권을 주도하던 서인이 편찬한 『국조인물고國朝人物考』의 '명류名流' 항목에도 등재되어 있다. 『국조인물고』는 조선 건국 이후 숙종 때까지의 주요 인물에 관한 사항을 항목별로 기록한 책이다.

> 바다와 산의 상서로운 기운 어리어 독실하게 위인을 낳으셨네. 학자들 사이에서는 맹주가 되었고 관직에선 이름 떨쳤네.

뜻이 다름을 용납지 않아 당시에 어려움을 겪어, 내직內職에 있어서는 자리가 안정되지 못했고 외직外職에서 오랫동안 지체되었네. 왜구의 난을 만나자 오합지졸을 규합하여 신속하게 더러운 무리를 소탕하였고, 의로운 승리로 조정을 바로 세울 것을 도모하였다네. 남쪽 고을을 맡아서는 죽음을 바쳐서라도 떠나가지 않았고, 의로움에 기대 목숨을 바쳐서라도 퇴각하는 무리를 막아 세웠네. 은혜로운 기림 줄줄이 더해졌고 총애가 높아져 관직이 더해 갔다네. 부윤府尹(경주부윤)의 지위를 영화롭게 여기지 않았는데, 공부工部(공조참의)의 벼슬인들 어찌 즐거우리? 병을 칭탁하여 궁벽진 고을로 돌아감에 옷자락 휘날리었다네. 높은 덕은 세대가 멀어졌지만 남은 향기 집안에 전해 온다네. 일곱 고을을 교화시켰고 자손은 2백여 인이요, 아름다운 이름은 층층의 저 첩석리 산과 같을지어다.

일찍이 공자는 군자의 조건 가운데 하나로 "사람들이 알아주지 않아도 성내지 않음[人不知而不慍 - 『논어』「학이」]"을 들었다. 남을 의식하지 않고 평생 묵묵히 시대가 자신에게 부여한 일을 기꺼이 짊어지고 나간 죽유의 삶에 부합하는 표현이 아닐 수 없다.

죽유의 제자 격인 동암東巖 권성오權省吾(1587-1671) 역시 "장자長子의 풍모가 있고 속된 모습이 없는 분으로 죽유 오운 공이 있어 내가 늘 스승이나 손님처럼 의지하고 존중하니 너희들도 마음에 새겨두라."라고 했던 아버지 권호신權虎臣(1558-1629)의 생전 당부를 떠올리며, 스승에 대해 다음과 같은 기억을 여기에 덧붙였다.

> 선생은 사람을 키울 때 정성을 다하여 반드시 그 재능에 따라 돈독하게 하였다. 내가 일찍이 이끌어주시는 은혜를 입고 나중에는 관심있게 살펴주시는 가르침을 받았으니, 이것이 어찌 대인의 문하에는 버려지는 재목이 없다는 의미가 아니겠는가? 내가 자주 문안을 드렸는데, 손님이 앉는 자리 벽 위에 창석蒼石(이준李埈: 1560-1635)의 성화팔영聲畵八詠을 걸어 놓으셨다. 그 속에 등장하는 강가의 정자가 남쪽 고향의 옛터(의령 백암대)에 있기 때문이었으니, 그 시를 읊으며 내용과 동화되는 모습에서 강호를 소요하는 성정性情과 누워서 시와 그림을 감상하며 유람하는 높은 흥취를 깊이 엿볼 수 있었다. 내 아버지(권호신)께서는 일찍이 선생을 두고 이렇게 말하셨다. "죽유는 평생 아래 벼슬에 있는 사람과 더불어 귓속말을 하는 일이 없었으니, 이는 일반 사람이 미치기 어려운 부분이다. 또 신분이 귀한 사람에게 굽실거리지 않았고 아첨하지도 깔보지도 않았으니, 또한 군자가 아니겠는가!" (『죽유선생문집』「기문록記聞錄」)

같은 시대를 살며 죽유와 가까이서 교유했던 사람들의 평이다. 이들보다 좀 더 가까이에서 모셨던 사람의 평은 한층 구체적이다. 부친의 삶을 기록한 「가장家狀」 속에서 술회한 둘째 아들 여벌의 회상이다.

> 부친께서는 성격이 관대했으며 기품과 도량은 넓고 의연하셨다. 자신에게는 엄격하고 남에게는 화평하셨으며, 관직에 나아가 일을 처리할 때는 항상 성실과 신뢰를 위주로 하여 자신이 주목받으려 애쓰지도 외형적인 실적에 신경 쓰지도 않으셨다. 평생 괴이한 행동을 하지 않았고 시류에도 영합하지 않으셨다. 이 때문에 손해를 보는 일도 많았지만 거기에 대해 개의치 않으셨다. 날마다 반드시 일찍 일어나서는 방안에 정좌하였고, 책읽기를 좋아하여 손에서 책을 내려놓지 않으셨다. …… 문학과 풍류를 아는 이들을 만나면 함께 경사經史를 토론하고 고금古今을 비교하는 것을 즐겨 조금도 싫어하는 기색을 보이지 않으셨다. 술상에 앉아서도 화기가 흘러 넘치셨고, 선을 좋아하고 악을 싫어하는 것은 거의 천성적이어서 선을 보면 반드시 칭찬하고 악을 들으면 반드시 배척했다. 이 때문에 착한 사람들은 부친을 좋아했고 악한 자는 꺼려하여, 마을 사람들이 모두 공경하고 그리워했다.

그런데 한편으로 죽유의 이와 같은 군자적인 성품의 이면에는 또 다른 반전의 파격도 발견된다. 이것이 그의 사람됨을 더욱 풍부하고 돋보이게 한다. 바로 제자 권성오나 아들 여벌의 평에 잠깐씩 등장하는 풍류의 홍취이다. 죽유의 이런 홍취는 특히 그의 문학작품에 절절히 묻어난다. 「아천 전태지 집에서 금고여의 시를 차운하다[鵝川全泰之次琴琴皡如]」라는 제목이 붙은 다음의 시에서 그 전형적인 모습을 엿볼 수 있다.

> 벌주 마시러 사람들 다투어 술잔 들고 오르니,
> 술독 앞의 광흥狂興 늙을수록 더해가네.
> 학 봉우리에 노을 붉게 물드는 것 걱정하지 않고,
> 뜰 가 관솔 불 밝혀 짧은 등불 바꾸네.
> 飮罰人爭取觶升　鐏前狂興老逾增
> 不愁鶴峀煙光紫　庭際松明替短燈

어느 가을날 국화가 만개한 저녁에 벗들과 주연酒宴을 베풀며 지은 시이다. 이 시 마지막 넷째 연 뒤에 "뒤에 온 사람은 모두 벌주[後至者皆罰酒]"라는 글귀가 따로 붙어 있는 것으로 보아 벌주를 무릅쓰며 늦게라도 참석하려는 사람이 많았던 듯하다. 그러니 주연은 당연히 길어질 수밖에. 그러다 해가 서산을 넘어가면 자리를 파하는 것이 상례겠지만, 이 홍취를 그만둘 수 없어 등불을 관솔불로 바꾸며 홍을 계속 즐긴다며 마무리한다. 덧없는 인생 꿈과 같으니 기뻐할 날이 얼마나 되겠냐며, 옛사람들이 촛불을 들고 밤에도 노닌 것은 이점에서 보면 진실로 까닭이 있는 일이라고 읊었던 이백의 명문장 「춘야원도리원서春夜宴桃李園序」를 떠올리게 하는 내용의 시다.

이렇듯 억제할 수 없는 홍취를 죽유는 '광홍狂興' 이라 표현했다. 직역하면 '미친 홍' 이라고 옮겨지겠지만, 이때의 '미침' 이 정신이상의 의미가 아님은 자명하다. 그보다는 내면에서 걷잡을 수 없이 솟구쳐 오르는 홍을 도저히 억제할 수 없음을 나타내는 표현으로 보아야 한다. 게다가 그 광홍은 술독 앞에서 더욱 기승을 부리고 늙을수록 더 심해진다고 했으니, 이를테면 자연을 사랑하는 것이 병이 되어버린 상태인 천석고황泉石膏肓과 진배없다. 그러니 여기서 말하는 '광' 은 마땅히 '맑은 미침' 즉 '청광淸狂' 이라고 해야 할 것이다.

성실함과 신실함 두 마디로 상징되는 죽유의 인품 한 켠에서 발견되는 '홍' 을 주제로 한 낭만주의적 요소는 그의 시 작품 곳곳에서 확인된다. 죽유의 시 세계를 이 측면에서 분석하고 있는 연구에 따르면(정우락, 「오운의 시 세계에 나타난 홍과 낭만주의적 성격」), 그 가운데 도드라진 시구 몇 개만 추려도 금방 네댓 개를 넘어선다.

흥은 긴 둑의 풀에 있고,	興在長疇草
소리는 벼랑 가 바람을 따르네.	聲從絶岸風

(-「前郊牧笛」)

흥을 보내려고 바야흐로 시를 읊조리고,　　遣興詩方就
근심을 삭이려 술잔을 더하네.　　銷愁酒更添
(-「明川歸路宿淮陽, 贈府伯尹敬修」)

어떤 인연으로 술 친구를 찾아서,　　何緣覓酒伴
흥을 다하며 맑은 놀이에 힘써볼까?　　盡興辦清遊
(-「答朴子澄請會」)

술 취한 가운데 시 지어 애오라지 흥을 보내니,　　醉裏題詩聊遣興
어찌 글을 파하고 조롱 속의 거위를 배워야하리?　　何須書罷學籠鵝
(-「九秋念日, 會金善源家賞菊, 次敬差柳浩叔韻」)

높은 곳에 올라 기꺼이 시 짓고,　　登高堪作賦
경치를 굽어보며 문득 술잔 기울이네.　　攬景便傾觴
(-「浮石寺, 次朴子澄漉韻」)

죽유의 성품에서 또 다른 한 축을 이루는 이런 낭만주의적 요소는 한편으로 서예 방면에서도 유감없이 발휘되었다. 그는 명필로도 사람들의 입에 회자되었는데, 특히 초서에 능하였다. 이에 대해서는 광해가 내린 앞서의 사제문에서도 "글씨는 왕희지와 조맹부를 따랐다[筆追王趙]."라고 하여 그 성취를 인정하였다. 이는 그의 서체가 조선전기에 유행하던 조맹부趙孟頫의 체에 중기 들어 새롭게 유입된 왕희지王羲之 체를 가미한 것임을 가리킨 것이다. 최흥벽崔興璧 또한 "가늘면서도 강건한 필세가 고상하고 예스러워, 마치 키 큰 소나무나 늙은 회나무가 껍질 다 벗겨지고 뼈만 남은 것 같다[瘦勁高古, 如長松老檜, 皮盡而骨露]."라며 죽유의 서체가 지닌 기품을 평하였다.

4. 학문과 사상

1) 산해정 마루에 오르고, 퇴계의 방에 들다

죽유는 사후에 '학문에 힘쓰고 문장이 뛰어났다[力學能文]'거나 '문장이 세련되고 지식이 풍부했다[高文博學]'는 평을 받았다. 각각 『도산급문제현록』과 『죽유문집』 서문에 있는 표현이다. 이를 통해 알 수 있듯이, 죽유는 관료로서의 삶 못지않게 사대부답게 학자로서의 삶에도 나름의 성취를 보였다.

죽유의 학문적 출발은 "뇌룡정 앞에서 출발해 암서헌 마당에서 졸업하다[發軔於雷龍堂前, 卒業於巖栖門庭]."라는 말로 요약된다. 1824년에 간행된 『죽유문집』의 서문을 쓴 농은聾隱 이급李級(1721-

1790)의 말이다. 뇌룡정은 현재의 합천군 삼가면에 있는 건물로 조식이 48세 때 계복당鷄伏堂과 함께 지어 학문을 연구하며 제자를 가르쳤던 곳이다. 그러니까 이 말은 죽유가 남명 조식과 퇴계 이황의 문하에서 차례로 공부한 것을 일컫는 표현이다. 이급은 이를 다시 "남녘에서 노닐고, 북녘에서 공부했다[南遊北學]."라고 간추려 부연했다.

사실 이것은 후세에 이루어진 것이 아니라 죽유 당대에도 이미 있었던 평가이다. 사림을 대표하여 사위인 동계東溪 조형도趙亨道(1567-1637)가 쓴 제문에 "산해정 마루에 오르고, 퇴계의 방에 들었다[升山海堂, 入退陶室]."라고 한 것이라든가 광해가 내린 사제문에 "도는 퇴계를 숭모하고, 학문은 남명을 마루로 삼았다[道慕退陶, 學宗山海]."라고 한 글귀 등이 이를 잘 보여준다. 하나같이 죽유의 학문이 영남학파의 두 거봉인 이황과 조식의 문하에서 숙성되었다는 것을 지적한 표현들이다. 이황과 조식이 죽유에게 미친 영향력은 그의 평생의 역작이라 할 수 있는 『동사찬요』의 참고문헌에 『퇴계집』과 『남명유고南冥遺稿』를 나란히 올려놓고 있는 점을 통해서도 잘 알 수 있다.

이황과 조식의 문하를 동시에 출입한 제자들은 죽유 이외에도 더 있다. 약포藥圃 정탁鄭琢(1526-1605), 동강東岡 김우옹金宇顒(1540-1603), 한강 정구 등이 대표적이다. 하지만 이들은 대부분 일정한 시차를 두고 두 사람의 문하에 든 데 비하여, 죽유는 젊은 시절에 입문했을 뿐만 아니라 두 스승이 죽을 때까지 출입을 지속했다는 점에서 차이가 있다. 그리하여 때로는 평생 직접 만나지 않았던 두 스승을 연결하는 역할도 수행했다.

잘 알려져 있듯이, 이황과 조식은 학문적 지향과 실천의 방식이 달랐다. 이황은 50대 후반 벼슬에서 물러날 때까지 잦은 사화士禍를 거치며 사림의 꿈이 가혹할 정도로 좌절되는 것을 경험한 인물이다. 19세 때는 정암靜菴 조광조趙光祖(1482-1519)로 상징되는 사림의 꿈이 기묘사화로 채 피지도 못하고 꺾이는 것을 보았고, 45세에는 을사사화乙巳士禍로 그 꿈이 재차 잘려나가는 것을 목도하였으며, 다시 2년 후인 47세에는 이른바 양재역 벽서壁書 사건으로 그 남은 그루터기마저 뿌리째 뽑히는 것을 경험하였다. 그가 벼슬에서 물러나 도산에 은거한 것은 이러한 시대적 반동에 대항하여 '길고 멀리 보는' 방책을 선택하기 위함이었다. 이 과정에서 그는 당장의 정치권력이 아니라 어떤 풍파에도 흔들리지 않을 깊고 넓은 저변의 확대가 더 중요함을 절감했다. 인간 도덕성의 근원을 천착한 퇴계의 심성론心性論과 서원 건립 운동 및 후진 양성 그리고 향약의 시행 등은 그런 고민의 산물이었다. 이 때문에 그의 학문과 실천은 당장의 성과나 효용에 중점을 두기보다 성리학적 도학정치의 이론적 토대에 대한 심화된 탐구와 부침하는 현실에 대해 일희일비하지 않는 장기적인 원려遠慮로 모아졌다.

이에 비하여 조식은 도학정치의 구현에는 궤를 같이 했지만 이론적 연구에는 선을 긋는 편이었다. 조식의 이러한 시각은 그가 평소 지론처럼 입에 올렸다는 "정자程子와 주자 이후로는 책을 쓰는 것이 불필요하다[程朱以後, 不必著書]."라는 말 속에 잘 나타나 있다. 성리학의 주요 주제들에 대한 이론적 탐구는 이미 정자와 주자에 의해 완결되었으므로 더 이상의 천착은 의미가 없다는 뜻이다. 대신 그가 방점을 둔 것은 실천이다. 답은 이미 나와 있으므로 남은 것은 그것을 구현하는 것일 뿐이라는 생각의 발로인 셈이다. 「단성현감사직소」에서도 보듯이, 그의 이러한 생각은 불의한 현실에 대한 가감없는 비판으로 나타났다. 현실적 유불리는 고려하지 않는 과단성이 있었던 것이다. 이 점에 대하여 죽유는 조식이 평소 제자들을 가르칠 때 세상 사람들의 일반적인 가치관과 멀리 벗어나는 측면이 있었다고 회고하기도 했다. 하지만 조식 문하의 이런 특징은 그런 과단성이 요구되는 현실에서는 무엇보다 빛을 발했다. 임진왜란 때 경상도 3대 의병장으로 불리는 곽재우와 정인홍, 김면金沔(1541-1593)을 비롯하여 전치원全致遠(1527-1596), 조종도趙宗道(1537-1597), 이로李魯(1544-1598), 이대기李大期(1551-1628), 박성무朴成茂(1563-1597) 등 50여 명의 의병장이 그의 문하에서 배출된 것이 이를 잘 말해준다.

이처럼 여러모로 대비되는 두 사람을 스승으로 모셨기 때문에 죽유에게도 이 두 요소가 고루 나타나는 면이 있다. 그런 가운데서도 굳이 비중을 가리라고 한다면 조식보다는 이황에게 기운 면이 조금은 더 있다고 하는 것이 좀 더 설득력이 있을 것이다. 이런 점에서 보더라도, 죽유의 학문세계는 조식을 출발점으로 삼고 이황을 종착점으로 삼았다고 하는 앞서의 평가들은 여러모로 합당하다. 죽유의 학문적 역정에 대한 앞의 조형도의 평가는 이 측면을 정확히 집어낸 표현이라 할 수 있다. '승당升堂'과 '입실入室'은 전통적으로 성취의 단계를 나타낸다. 공자가 제자 자로子路를 평하여 마루에는 올랐으나 아직 방에는 못 들어온 상태라고 한 『논어』「선진」편의 용례가 그 출전이다. 그러니까 승당은 말 그대로 마루에 오른 상태이고, 입실은 그 마루를 지나 방에까지 들어간 상태를 가리키는 것이다. 이 의미를 조형도의 평가에 적용하면, 곧 죽유는 조식 밑에서 학문을 시작하여 이황 밑에서 성취를 이루었다는 뜻이 된다.

2) 도산에서 도통의 연원을 읽다

죽유에게 발견되는 이황적인 요소는 먼저 관직 진출을 통해 현실정치에 참여했다는 점을 들 수 있다. 성리학에 대한 이론적 관심을 게을리 하지 않았고 그 성과를 바탕으로 여러 권의 저술을 남겼다는 점도 이황에 가깝다고 해야 할 것이다. 성리학에 대한 죽유의 관심은 『주자문록』의 편찬에서 보듯이 만년으로 갈수

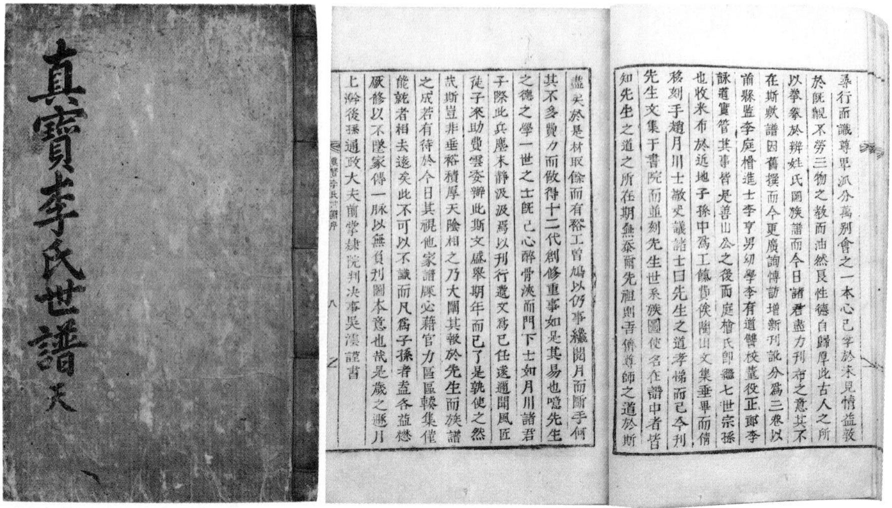

진성이씨족보와 죽유가 지은 서문

록 심화되어 간듯하다. 이를 두고 박승임의 손자 육우당六友堂 박회무朴檜茂(1575-1666)는 죽유를 추모하는 제문에서 "세상이 바야흐로 공리에 빠져서 몸과 마음의 학문을 알지 못하는데, 공은 홀로 초연히 멀리 깨달아 주자서朱子書 하나로 만년 공부의 묘미를 삼았다."라고도 하였다. 그가 만년에 사용한 호인 '율계'와 '죽유'가 각각 주돈이와 주희의 시구에서 착상한 것이라는 점도 성리학에 대한 그의 관심의 정도를 보여준다.

죽유가 조식보다 이황의 영향을 더 받았을 것이라고 볼 수 있는 또 다른 배경은, 두 사람이 인척 관계이기 때문이기도 하겠지만, 전체적으로 볼 때 이황과 관련된 일에 종사하는 경우가 더 많았다는 사실에 있다. 이황의 문집 간행에 참여한 일이라든가 진성이씨 족보 편찬에 발을 들였던 일 등이 그런 사례들이다.

그러나 이황에 대한 죽유의 이런 친연성을 가만히 들여다보면 단순히 인척 관계로만 설명되지 않는 부분이 있다. 거기에는 더 깊은 인식이 스며있다. 이황의 문집 간행을 마친 감회를 읊은 죽유의 시를 보자.

도가 천연에 있음이 예나 지금이나 어찌 변함이 있겠는가,
강가의 천연대는 비온 뒤 푸른 파도 깊네.
우연히 함께 모여 바람 쐬며 읊으니,
뉘라서 그 옛날 비파 내려놓던 이의 마음을 알리요?
道在天淵豈古今　江臺雨後綠波深
偶成簪盍風乎詠　誰識當年舍瑟心

무너져 아득하였던 도통道統 지금은 완연히 이어지니,
도산은 높디높고 낙동강은 깊어라.
그대에게 청하노니 거문고 희롱하지 말게나,
무심을 유심으로 지을까 저어하노니.
墜緖茫茫宛在今　陶山嶷嶷洛江深
請君莫把瑤琴弄　恐把無心作有心

한 걸음의 어긋남을 이제 비로소 깨달았으니,
길 잃은 것 멀지 않는데 하물며 깊은 데서 구하겠는가?
책에서 가르쳐주신 수많은 말들,
단지 한 조각 마음을 맑고 밝게 하는 데 있네.
一步差來始覺今　路迷非遠況求深
遺編指掌千言語　只在澄明一片心

「퇴계선생의 문집 간행을 마친 경자년(1600) 5월 보름에 도산서원 사당에 고유한 뒤 비가 그치자 대여섯 사람을 이끌고 천연대에 올라서 김지숙의 시 3절을 차운하고 다시 겸하여 월천 어른께 올려 가르침을 청하다[退溪先生文集刊訖庚子五月之望祭考于陶山祠雨後携五六人登天淵臺次金止叔三絶却寄兼呈月川丈求教]」라는 긴 제목의 시다.

'도가 천연에 있음'이라는 말은 중의적 표현이다. 『중용中庸』 12장에 『시경詩經』의 「대아大雅·한록旱鹿」에 나오는 '연비려천鳶飛戾天, 어약우연魚躍于淵'을 인용한 구절이 있는데, "솔개는 날아올라 하늘에 다다르고, 물고기는 연못에서 뛰어 오른다."라는 뜻이다. 단순한 표현이지만 성리학은 여기에 많은 의미를 부여한다. '일용사물의 도[日用事物之道]'라고 하여 일상성 속에서 삶의 진리를 추구하는 유학의 입장에서 볼 때, 도는 무슨 형이상학적인 거창한 것이 아니라 솔개가 하늘을 날고 물고기가 연못에서 뛰쳐 오르는 자연의 일상성 속에 깃들어 있다는 뜻에서이다. 이황이 도산서당을 짓고 정면 오른쪽에 있는 낙동강 변의 대를 천연대라고 이름 붙인 것도 이 의미를 살리고자 한 것이다. 따라서 '도가 천연에 있음' 이라는 말은 도의 일상성이라는 유학 본연의 입장을 다시 한 번 확인하는 표현인 한편, 천연대가 있는, 다시 말해서 스승 이황의 숨결이 살아 숨 쉬는 도산서원이 바로 그 도가 구현된 현장임을 나타낸다.

'그 옛날 비파 내려놓던 이' 는 『논어』「선진先進」에 나오는 증점曾點을 가리킨다. 스토리는 이렇다. 공자가 한 번은 증점을 포함하여 네 명의 제자들에게 사람들로부터 인정을 받는다면 평소 무엇을 하고 싶은지를 말해보라고 했다. 그러자 어떤 제자는 큰 나라를 훌륭히 다스리는 정치를 하고 싶다고 했고, 다른 제자는 작은 나라일망정 맡아서 백성들을 넉넉하게 해주고 싶다고 했으며, 또 어떤 제자는 예악禮樂의 전문가가 되어 국가 의식을 진행하는 데 기여하고 싶다고 했다. 이에 대해 마지막으로 차례가 된 증점은 타던 비파를 가만히 내려놓고 늦봄에 봄옷이 만들어지면 어른 대여섯과 아이 예닐곱을 데리고 기수沂水에서 목욕하고 하늘에 제사지내는 제단에서 바람을 쐬고 시를 읊조리며 돌아오겠다고 답했다. 그러자 공자는 감탄하며 자신도 증점과 뜻을 같이 하겠노라고 말했다. 따라서 "우연히 함께 모여 바람 쐬며 읊으니, 뉘라서 그 옛날 비파 내려놓던 이의 마음을 알리요."라는 시구는 이 증점의 일화를 염두에 둔 것임을 미루어 알 수 있다.

그렇다면 이 시에 투영된 죽유의 입장은 명확하다. 그것은 공자가 개창한 유학의 도가 스승 이황을 통해 다시 이어지고 있음을 천명하고자 한 것이다. "무너져 아득하였던 도통道統 지금은 완연히 이어지니, 도산은 높디높고 낙동강은 깊어라."라고 하는 이어지는 구절에서 이를 한 번 더 확인할 수 있다. 이처럼 죽유에게 이황은 단순한 한 명의 스승이 아니라 공자 이래 유학의 도를 잇고 있는, 유구한 도통의 계승자였던 것이다.

3) 출처의 엄정함과 사유의 개방성

한편, 또 한명의 스승 조식이 죽유에게 미친 영향은 아무래도 그 과단성 있는 실천의식으로 보는 것이 타당할 것이다. 특히 이른바 '나아가고 물러남', 즉 '출처出處'에 대해 항상 분명하였던 조식의 입장은 죽유로 하여금 선비의 실천목표인 '안인安人'의 구현을 위해 관직에는 나가되 자리에는 연연하지 않게 하였다. 죽유가 살면서 올바른 출처에 비중을 두었다는 점은 그가 임진왜란이 끝나자 사직하고 낙향한 뒤 63세(1602, 선조 35) 때 주관한 이산서원의 책문策問 주제로 '군자가 세상에 살면서 중히 여길 것은 출처뿐이다[君子之於世也, 所重者出處而已].'라는 명제를 선정했다는 사실에서도 확인할 수 있다.

이론보다 실천을 중시했던 조식과 죽유가 함께 관련된 에피

소드가 하나 있다. 평생 근본에 충실한 도학의 실천에 매진하여 소학동자小學童子로 불렸던 한훤당寒暄堂 김굉필金宏弼(1454-1504)의 화병첩畵屛帖에 관한 것이다. 죽유의 처증조부는 허원보許元輔라는 인물인데, 도학자로 유명한 김굉필과 일두一蠹 정여창鄭汝昌(1450-1504) 등과 친하게 지냈다. 이러한 인연으로 그는 김굉필로부터 화병첩을 하나 얻어 지니고 있었다. 오운이 처가에 갔을 때 이것이 김굉필의 유품임을 알고 집으로 가져와 새로 수리하여 단장한 후 보관하게 되었다. 33세(1569, 선조 2) 때 일이다. 그러다가 김굉필의 손자인 초계草溪 김립金立이 이 소식을 듣고 찾아와 부탁하자 그에게 넘겨주었다. 김립이 이를 알게 된 계기는 이렇다. 선조가 즉위한 다음 김굉필을 흠모해 그의 유품을 찾던 중, 한 번은 조식을 불러 면담하는 자리에서 이것이 화제에 올랐다. 이때 승선承宣의 신분으로 옆에서 모시고 있던 졸암拙庵 이충작李忠綽(1521-1578)이 어느 민가에서 본 적이 있다고 전했는데, 이 말을 들은 김립이 이충작에게 수소문하여 오언의의 집안에서 보았다는 말을 듣고 죽유를 찾아온 것이다. 조식은 이 일의 전말을 나중에 해당 화병첩에 발문을 쓰면서 밝혔다. 그러면서 조식은 김굉필의 화병첩이 여러 사람의 손을 거치면서도 온전히 보존될 수 있었던 것은 사람의 노력으로만 될 수 있는 일이 아니라 이치의 자연스러움에 힘입은 바 크다고 부연하였다. 은연중에 죽유가 도학 전승의 한 맥에 닿아있는 젊은 인재임을 높이 평가한 것이다.

학문의 차원뿐만 아니라 삶의 취향 면에서도 죽유가 조식으로부터 영향을 받은 것이 있다. 삶의 개방적 태도이다. 잘 알려져 있듯이, 조식의 호인 '남명南冥'의 출처는 『장자莊子』「소요유逍遙遊」이다. 「소요유」 첫 머리에 나오는 대붕大鵬의 비상 장면에서 대붕이 북쪽 바다인 북명北冥에서 날아올라 구만리 상공으로 올라간 뒤 6개월에 걸쳐 도달하는 남쪽 바다가 곧 '남명'이다. 조식은 이 우화가 가지고 있는 거칠 것 없는 호방함을 의미로 취하여 '남명'을 호로 삼은 것이다. 이단에 대한 유학의 단호한 태도를 생각할 때 조식의 이런 취향은 확실히 이례적이다.

조식의 이와 같은 개방적 취향은 죽유에게도 일정 부분 영향을 미친 듯하다. 이는 특히 그의 문학세계에서 확연히 드러난다. 죽유의 문학세계는 사상적 면에서 성리학뿐만 아니라 불교와 도가적 성분도 많이 묻어난다. 그는 금강산을 유람하면서 표점사檢岾寺, 정양사正陽寺, 표훈사表訓寺, 묘길상사妙吉祥寺, 불정대佛頂臺, 성불암成佛庵 등 많은 불교 유적들을 시의 소재로 삼았고, 그곳의 중들과도 시를 주고받으며 마음에서 우러나는 유대를 맺었다. 「표훈사에서 묵으며 주지 혜청에게 써주다[宿表訓寺贈主者慧淸]」는 제목의 시에 들어있는 다음과 같은 소회가 그 일단을 보여준다.

만폭동 날아 흐르는 물은 절간을 흔들고, 萬瀑飛流喧淨域
천길 늙은 잣나무는 천상을 가렸네. 千章老栢蔭諸天

그대 만나 수일 동안 맑은 감상 했으니, 逢渠數日攀淸賞
부평초 인생에서 벗을 수 없는 인연 아닐런가. 莫是浮生了宿緣

죽유의 문학세계에 스며있는 도가적 요소는 그의 시에 '선仙'이 중요한 소재 가운데 하나라는 사실에서 잘 드러난다. '선가의 해와 달이 길다[仙家日月長]'거나 '형체 잊는 것 상관 않고 술 마시는 신선 되네[不管形忘作飮仙]', '귀학정 가운데 옥같은 신선 방문하네[龜鶴亭中訪玉仙]'와 같은 시구들이 그 예다. 이와 같은 취향 때문에 죽유는 중국 당나라의 시인 이백李白과 송나라의 문장가 소식蘇軾을 각각 '시선詩仙'과 '소선蘇仙'으로 부르며 그들의 문학세계를 배우려 했다. 나아가 당시 감사監司로 있던 관원灌園 박계현朴啓賢(1525-1580)의 시에 차운하여 지은 시 가운데 하나인 「관어대觀魚臺」에 나오는 다음 시구는 도가에 대한 그의 이해가 표피적인 수준을 넘어서 있음을 보여준다.

물고기가 아닌 다음에야 어찌 물고기의 마음을 알리요,
주객의 진정한 소통은 모름지기 타고난 본성의 단초를 보아야 하네.
儘非魚也詎知魚 物我須看率性初

"물고기가 아닌 다음에야 어찌 물고기의 마음을 알리요."라는 구절은 도가서인 『장자莊子』 「추수秋水」편 마지막에 나오는, '호상지담濠上之談' 이라 불리는 단락에 등장한다. 장자와 논리학자 혜시惠施의 유명한 논쟁을 소재로 한 것이다. 내용은 이렇다. 호濠라는 강가에서 장자와 혜시가 노닐다가 장자가 물고기가 자유롭게 헤엄치는 것을 보고 물고기가 즐겁게 노는구나 하고 말했다. 이를 들은 혜시는 그대는 물고기가 아닌데 어떻게 물고기의 즐거움을 아느냐고 물었다. 이에 대해 그대는 내가 아닌데 내가 물고기의 즐거움을 아는지 모르는지 어떻게 아느냐고 장자가 되물었다. 혜시는 말 잘했다는 듯이, 내가 그대가 아니어서 그대의 마음을 모르듯이 그대 또한 물고기가 아니니까 물고기의 마음을 모르는 게 당연하다고 재반박하였다. 그러자 장자가 처음부터 다시 생각해보자며, 어떻게 물고기의 즐거움을 아느냐고 그대가 내게 물은 것은 내가 그것을 알고 있다는 것을 그대가 이미 알아차리고 물은 것이라고 말했다. 그리고는 마지막으로 나는 이 호강 위에서 그것을 알았다고 장자는 마무리한다.

논리학자답게 혜시가 여기서 던지는 이슈는 철학에서 난제 중에 하나인 '타인의 마음' 의 문제이다. 다른 사람의 마음속에 들어가 보지 않는 한 우리는 그의 마음을 알 수 없다. 그런데 다른 사람의 마음속에 들어가는 것은 원론적으로 불가능하다. 따라서 우리는 타인의 마음을 다만 유추만 할 수 있지 백퍼센트 그대로 알 수는 없다. 그런데 이 전제가 참이라면 당신은 내가 물고기의 즐거움을 모를 거라고 주장해서도 안 된다는 것이 장자의 반박 요지이다. 상대가 모를 거라고 판단하는 것은 내가 그 상대의 마음을 '이미 아는' 것을 의미하기 때문이다. 이것이 혜시에 대한 장자의 마지막 비판의 의미이다.

장자의 이런 비판이 던지는 메시지는 주체과 객체의 진정한 소통은 이렇듯 논리적으로 따져서 증명될 수 있는 것이 아니라는 것이다. 그러면서 장자는 결론 격으로 오히려 그것은 논리 이전에, 주체와 객체가 본성적 차원에서 상호 접속될 때 이루어지는 현상이라고 암시하며 끝맺는다. '나는 이 호강 위에서 그것을 알았다'는 말이 그것이다. 이것이 가능한 것은 주체와 객체, 즉 장자와 물고기의 본성은 '자연'이라는 공통의 지반에 뿌리를 두고 있기 때문이다.

유가에서는 이 점을 우리들의 본성은 자연으로부터 왔고, 따라서 그 본성을 온전히 따르는 것이 도를 체득하는 길이라는 방식으로 말한다. "하늘이 명한 것을 본성이라 하고, 그 본성을 따르는 것을 도라고 한다[天命之謂性, 率性之謂道]."라고 한 『중용』 첫머리의 두 구절이 의미하는 것이 바로 이것이다. 앞의 시에서 '타고난 본성의 단초'를 보아야 한다는 것은 이를 두고 하는 말이다. 유학에서도 마찬가지로 사물의 본성은 '하늘[天]' 즉 '자연'을 매개로 연결되어 있기 때문이다.

이렇게 본다면 죽유의 이 짧은 시 구절 속에는 유가와 도가 본성론의 핵심이 녹아들어 있음을 알 수 있다. 따라서 이것은 도가사상에 대한 죽유의 이해가 결코 피상적인 수준에 그치지 않았음을 의미한다. 이런 부분이 아니더라도 실제로 죽유는 성리학뿐 아니라 역사학이나 문학에도 많은 관심을 보였고, 또 실제로도 이 분야에 일정한 성취를 이루었다. 죽유의 학문 역정 혹은 삶의 취향에서 발견되는 이런 개방적 요소는 조식에게서 영향을 받은 것으로 볼 수 있다.

4) 진정한 주객합일을 추구하는 심미의식

성리학자이지만 유교적 가치관에만 얽매이지 않고 한편으로 도가와 불교까지 넘나드는 사유의 개방성은 죽유의 심미의식 속에서도 확인된다. 심미의식 또한 죽유 사상의 주요한 요소 가운데 하나인데, 이 측면은 주로 그의 시를 통해 드러난다. 시에 대한 죽유의 애정은 남다른 면이 있다. 일찍이 죽유의 증조부 언의는 이황과 그의 형 이해 등과 교유하면서 함께 중국 당나라의 한유韓愈와 송나라의 구양수歐陽修 그리고 소식蘇軾 시를 선별 필사하여 『한구소시韓歐蘇詩』라는 제목의 책을 엮은 적이 있다. 이를 전수받아 보관해오던 죽유는 장정이 닳아 낡아지자 새로 제본을 하기도 했는데, 이는 그가 이 책을 그만큼 즐겨 탐독했음을 의미한다. 죽유가 발문에 자신의 세 형제가 어릴 때부터 보면서 외우고 익혔던 책이라고 기록하고 있는 것이 이를 말해준다.

여기에 그치지 않고 그는 68세에 직접 주자의 감흥시感興詩를 가려 뽑아 한 질의 책으로 엮어 보관하기도 하였다. 이뿐만 아니라 그의 시에는 도연명과 이백, 두보 등이 자주 등장하는데, 이런 점들은 죽유가 어려서부터 시에 대한 문학적 재능과 열정을 가지고 있었고 나아가 그것을 평생 간직했음을 알게 해준다.

시에 대한 애정이 이처럼 남달랐으니 만큼 죽유에게도 나름의 심미의식이 발견된다. 예를 들면, 그가 61세(1600, 선조 33) 되던 해 지인인 유연당悠然堂 김대현金大賢(1553-1602)의 당호의 의미를 풀이하여 쓴 「유연당기悠然堂記」의 한 대목을 통하여 이것을 엿볼 수 있다.

> 사물[物]로써 사물을 보는 자는 사물이 이르면 능히 그 맞아들 곳에 맞아들고, 사물로써 마음[心]을 보는 자는 그 마음이 싸워 마침내 그 참됨[眞]을 잃는다. 맞아들 곳에 맞아들기 때문에 조금의 자취도 없이 가슴 속에 천리가 노닐어 스스로 바꾸지 않게 되고, 그 참됨을 잃기 때문에 한 쪽으로 치우쳐 외물을 따라 나의 즐거움[樂]이 옮겨 가게 된다. …… 그러므로 무릇 즐거움을 사물에서 빌려오는 것은 억지로 하는 것이지 참됨은 아니다. 억지로 곡을 하는 것은 비록 슬픈 것 같아도 슬픈 것이 아니요, 억지로 노여워하는 것은 비록 엄한 것 같아도 위엄이 없

다. 이는 즐거움의 기준을 밖에 두기 때문에 생기는 일이다.

이른바 '사물로써 사물을 본다[以物觀物]' 는 것은 주관을 해체하여 대상이 다가오면 자신이 그 속으로 맞아들어 가는, 일종의 주객합일의 심미적 태도이다. 이에 비하여 '사물로써 마음을 본다[以物觀心]' 는 것은 자신의 주관을 고수하며 대상을 그 속으로 끌고 들어오는 것이다. 이에 대하여 여기서는 사물로써 사물을 보아야 마음속에 천리가 와서 노닐 것이며, 사물로써 마음을 보게 되면 사물에 마음을 빼앗겨 결국 자신의 참된 즐거움을 잃게 된다고 하고 있다.

이 견해에 따르면, '이물관물' 은 대상을 그 고유한 존재론적 문맥 속에 놓고 바라보는 방식이다. 여기서는 마음이 대상을 주관 속으로 끌고 들어오는 것이 아니라 거꾸로 마음이 대상의 문맥 속으로 들어간다. 그러므로 침전물을 남기지 않는다. 대상의 문맥에 마음이 스스로를 맞추기 때문이다. 이것이 '맞아들 곳에 맞아듦[適其適]' 이다. 이에 비하여 '이물관심' 은 대상을 마음이 추구하는 관심의 소재로 여기는 방식이다. 따라서 여기서는 마음이 표면상으로는 주체인 듯이 보이지만 실질적으로는 그 소재에 구속된다. 자신의 관심을 충족시켜 줄 수 있는 소재를 찾아 마음이 옮겨 다닐 수밖에 없는 구조이기 때문이다. '한 쪽으로 치우쳐 외물을 따라 나의 즐거움이 옮겨 가게 된다' 는 말이 뜻하는 바가 이것이다.

이 글의 이어지는 부분에서, 봄옷을 새로 지어 입고 친한 사람들과 냇가에 가서 목욕하고 제방을 따라 시를 읊조리며 돌아오는 즐거움을 소망하는 증점이나 비록 누추한 거리에서 한 그릇의 밥과 한 잔의 물을 마시며 팔베개하고 눕는 삶을 살더라도 그 즐거움을 바꾸지 않겠다고 한 안연顔淵의 안빈낙도가 가능한 것도 마음이 스스로 거기에 맞아들기 때문이라고 죽유는 말한다. 그런 삶을 소재로 의식적으로 자신의 즐거움을 구현하려 한 결과가 아니라는 뜻이다. '유연당' 이라는 당호의 출전을 이루는, "울타리 아래서 국화를 따다가 물끄러미 남산을 바라본다[采菊東籬下, 悠然見南山]."라고 한 도연명陶淵明의 시구가 의미하는 바도 이것이라는 게 그의 생각이다.

죽유의 사유 속에서 발견되는 이러한 심미의식을 좀 더 쉽게 이해하기 위해서는 어쩌면 『장자』「달생」편에 나오는 다음 구절을 곱씹어보는 것이 더 나을지도 모르겠다. 죽유가 여기서 의탁하고 있는 도연명의 심미의식 또한 유가적이기보다는 도가적이라는 점에서 더욱 그렇다.

> 발을 잊는 것은 신발이 꼭 맞기 때문이고, 허리를 잊는 것은 허리띠가 꼭 맞기 때문이며, 옳고 그름을 따지는 것을 잊는 것은 마음이 그 상황에 딱 들어맞기 때문이다. 마음이 안으로 요동

치지 않고 밖으로 외물을 좇지 않는 것은 일이 생기는 대로 무심히 그 상황에 맞아든 까닭이다[忘足, 屨之適也; 忘要, 帶之適也; 忘是非, 心之適也. 不內變, 不外從, 事會之適也].

5) 춘추필법으로 역사인식을 바로잡다

죽유의 사유 속에서 발견되는 이와 같은 개방적 요소들은 그의 사상을 이해하는 데 중요한 길잡이 역할을 한다. 성리학자라고 하면 부지불식간에 떠오르는 엄숙성이나 도덕주의에만 의지하여 그것을 채색하려는 충동을 예방해주기 때문이다. 하지만 그렇다고 이 부분을 죽유 사상의 중심적 성분으로까지 확대해 보려 한다면 그것도 곤란하다. 이런 표현이 어떨지 모르겠지만, 그가 본질에 있어서 여전히 유가적 신념에 충실한 성리학자였음을 부정할 수는 없기 때문이다. 우리는 이 점을 그의 역사인식을 통해 재확인 할 수 있다. 이 측면은 특히 그가 『동사찬요』를 집필하는 데 들인 시간과 공을 생각할 때 그 무게감이 결코 가볍지 않다.

죽유는 67세 때인 1606년(선조 39)에 『동사찬요』를 처음으로 편찬한 이후, 한백겸 등의 의견을 참고하고 스스로 미흡하다고 생각한 내용을 수정 보완하여 75세 때인 1614년(광해 6)에 최종본을 탈고했다. 근 8여 년에 걸친 시간과 공을 들인 노작勞作인 셈이다. 역사서를 저술하면서 이처럼 여러 번에 걸쳐 다양하게 수정을 하면서 자기 생각을 조금씩 수정 보완해 나간 예는 다른 데에서는 쉽게 찾아보기 힘들다. 이 점만 보더라도 『동사찬요』가 죽유의 사상 세계에서 차지하는 비중을 충분히 유추할 수 있다.

죽유의 역사인식과 관련하여 이 책에서 무엇보다 눈에 띄는 부분은 '반적叛賊'과 '권흉權兇'을 다룬 항목을 두어 후세에 권선징악의 역사 교훈을 내리려 시도한 것이다. 그는 '반적'과 '권흉' 항목을 둔 이유에 대해 "선악이 모두 있어야 권선징악이 제대로 갖추어질 것으로 생각하여 반적과 권흉 중에서 더욱 심한 자를 빼내어 별도로 끝에 기록하였다."라고 서문에서 밝히고 있다. 그러면서 모두 32명의 해당자들을 열거하여 그들의 간악한 행위들을 낱낱이 밝히고는 말미에 다음과 같은 소회를 부쳐 그 서술의도를 다시 한 번 분명히 하였다.

> 적신賊臣을 수록한 것이 32인에 그쳤으나 늙어서 창 밑에서 평온히 죽은 자는 겨우 몇 사람뿐이다. 저 간신과 권흉의 무리가 임금을 시해하고 어진 사람을 해쳐서 마음대로 날뛰어 스스로 계략을 얻었다고 만족하였으나 끝내는 모두 그 몸이 주살되고 집안에도 살아남은 자가 하나도 없게 되었다. 비록 요행히 피하였다 하여도 천도天道가 환하게 밝고 재앙과 경사가 반드시 그 부류에 따라 응하며, 또 어진 사관의 도끼와 같은 붓의 칼날이 있으니 악행을 저지른 자가 과연 그 무엇을 얻었는가? 가히

경계할 줄 알아야 할 것이다.

한 마디로 역사의 정의를 바로 세우기 위해 '반적'과 '권흉' 항목을 두었다는 것이다. 이는 조선 개국 이래 미증유의 국난을 직접 겪고 나서 백성들이 도탄에 빠지는 것을 보고 무엇보다도 중요한 것은 통치 기강을 무너뜨려 나라를 혼란에 빠뜨리는 간악한 무리의 출몰을 막는 것이라는 성찰에 따른 것이다. 공자가 『춘추春秋』를 완성하자 난신적자亂臣賊子가 두려워했다는 맹자의 말이 오버랩되는 대목이다. 이것은 그의 역사인식이 공자의 『춘추』와 주자朱子의 『통감강목通鑑綱目』과 같은 대표적인 유교 역사서에서 확인되는 도덕주의적 전통 위에 뿌리를 두고 있음을 뜻한다.

상고사 영역에서 우리 민족의 기원을 단군보다 올려 잡은 것도 주목할 만한 특징이다. 죽유는 『동사찬요』 시작 부분에서 "동방에 아홉 종족의 이족夷族이 살았는데 임금이 없이 살다가 태백산 박달나무 아래로 내려온 신인神人을 임금으로 모시고 나라이름을 조선이라고 했다."라고 하여 민족의 기원을 단군 이전으로까지 소급하였다. 비록 선언적인 차원이라 하더라도 당시로서는 주목되는 역사인식이 아닐 수 없다. 그러면서 단군 이후의 역사는 조선전기에 공통적인 역사관으로 자리잡은 『동국통감』의 상고사 체계를 그대로 따라 단군조선에서 출발하여 기자조선과 위만조선을 거쳐 한사군漢四郡, 이부二府(平州都督府, 東府都督府), 삼한

(馬韓, 辰韓 弁韓), 삼국(新羅, 高句麗, 百濟), 고려로 이어지는 계통을 설정하였다. 여기서 '이부'는 한사군 이후 중국 한나라가 평나平那와 현도玄菟를 합하고 임둔臨屯과 낙랑樂浪을 합하여 각각 설치했다고 하는 평주도독부와 동부도독부를 가리킨다.

삼국의 경우는 신라, 고구려, 백제의 순으로 서술하여 신라에 정통성을 부여하였다. 삼국 가운데 고구려의 영토가 가장 넓고 신라가 가장 작았음에도 신라가 삼국을 통일 할 수 있었던 이유는 나라가 세워진 이래 충후忠厚한 풍속이 배양되었고 김춘추와 김유신과 같은 영웅호걸이 때에 맞추어 등장한 결과라고 하였다. 그러면서 이는 임금 노릇은 나라 크기에 상관된 것이 아니라는 말을 증명해주는 것이라고 하여 역시 도덕주의적 관점에서 역사의 흥망성쇠를 설명하고 있다.

『동사찬요』에 담겨 있는 또 하나의 주목할 만한 요소는 역사지리에 대한 인식이다. 죽유는 고구려의 북쪽 국경을 지금의 랴오허강[遼河]으로 비정比定하고 그 시조가 처음 거주하였던 곳을 요동의 동북으로 보았다. 결과적으로 고구려의 초기 중심 영역을 모두 압록강 북쪽에 설정한 셈인데, 이와 같은 시각은 이전의 역사서에서는 잘 보이지 않는 예이다. 이것은 죽유가 관련 대목에서 『응제시주應製詩註』를 언급하고 있는 것으로 보아 상고사의 우리 강역을 요동으로까지 확대하려 했던 조선초기 역사서의 영향을 받았기 때문으로 추정된다.

金后稷。 金庾信 金仁問 強首
金陽 崔致遠 金陽 新羅忠義傳 麗濟義烈
高麗名臣
洪儒 裵玄慶 申崇謙 卜智謙 庾黔弼
崔彦撝 崔凝 徐弼 崔承老 徐熙 崔沆 蔡忠順
智蔡文 楊規 河拱辰 王可道 崔惟善
柳洪 朴寅亮 鄭文 魏繼廷 尹瓘 吳延寵 金富軾
金黃元 李資玄 郭輿 金仁存 金富佾
金富儀 林完 鄭沆 李之氐 申淑 李公升
鄭襲明 文克謙 崔惟清 金甫當
韓惟漢 崔讜 金就礪
李奎報 兪升旦 朴犀 金慶孫 崔椿命 鄭顗
崔滋 金坵 李藏用 白文節 郭預
金方慶 金周鼎 朱悅 柳璥 李承休
安珦 元冲甲 洪子藩
崔瀣 權溥 李兆年 金倫 李齊賢 韓宗愈
李凌幹 王煦 安軸 安輔 李穀 鄭世雲
安祐 金得培 李芳實 李仁復 尹澤 李嵒
金光載 李公遂 柳淑 元松壽 李存吾 鄭樞
崔瑩 朴尚衷 鄭思道 金九容 田祿生 李穡 鄭夢周
李崇仁 金震陽 李種學 吉再 徐甄 李養中
金澍
叛臣賊臣權臣
泉蓋蘇文 憲昌 以上三國
以下高麗 康兆 李資謙 妙清
鄭仲夫 李義方 李高 李義旼 崔忠獻

『동사찬요』 교정본과 목판

역사지리에 대한 죽유의 이런 인식은 구암久菴 한백겸韓百謙(1552-1615)의 비평에 힘입은 바 크다. 한백겸은 『동사찬요』의 초본이 간행되자 일독한 후 거기에 담긴 역사지리에 대한 시각에 대해 비판적인 논평을 가하였다. 이에 자극받은 죽유는 수정본에는 한백겸의 의견을 수용하여 지리지를 새로 추가했다. 한백겸 또한 이러한 인연을 계기로 자신의 주저인 『동국지리지東國地理志』를 편찬하기에 이르렀으니, 이 점에서 『동사찬요』의 등장은 우리나라 역사서 편찬사에서 매우 중요한 의미를 지닌다고 할 수 있다.

5. 글과 저술

1) 읍지에서 주자서까지

사후에 후학들로부터 '학문에 힘쓰고 문장이 뛰어나다' 거나 '문장이 세련되고 지식이 풍부하다' 는 평을 받았지만 의외로 죽유의 저술은 비교적 단출하다. 일찍이 과거에 급제하여 50여 년을 관직에 있었지만 중앙보다 주로 외직에서 보냈고, 또 왕조실록 등의 관찬사서官撰史書에도 기록이 별로 없어 추적하기가 쉽지 않다. 여기다가 인조반정仁祖反正 이후 북인의 몰락과 함께 아들과 손자들이 중앙 관계에서 축출되는 바람에 그의 시문도 열에 아홉은 흩어졌고 그밖의 문적文籍들도 많이 사라져 사정을 더욱 어렵게 한다.

그런 가운데서도 직접 저술했거나 공동으로 편찬한 것들을 중심으로 연대순으로 하나씩 소개하면, 46세(1587, 선조 20)에 한강 정구와 함께 작업한 함안의 지방지 『함주지咸州誌』부터 들 수 있다. 1587년은 죽유가 한 해 전 충주목사를 사직하고 의령에 잠시 머물다가 함안에 돌아와 향교의 제독관提督官을 맡고 있던 시기이다. 이때 마침 이황과 조식의 문하에 함께 입문했던 동문인 정구가 함안군수로 부임해 와서 읍지의 필요성을 제안함에 따라 함께 편찬에 착수하게 되었다. 고을을 다스리는 데 필요한 자료를 얻고 싶은 군수의 생각과 세거하던 고을의 제반 상황을 정리해보고 싶은 군민들의 의향이 합쳐져 만들어진 합작품인 셈이다. 죽유 외에 편찬에 함께 참여한 군민으로는 박제인朴齊仁(1536-1618)·이정李瀞(1541-1613)·박여선朴汝宣 등이 있다.

이 『함주지』는 1책 분량의 필사본으로 현존하는 우리나라 최초의 지방지로서 이후 읍지邑誌 편찬의 본보기 역할을 하였다. 체제는 『동국여지승람』을 모방했다고 전해지는데, 항목 설정은 그보다 상세하다는 평을 받는다. 권두에는 정구가 쓴 서문이 있고, 권말에는 죽유와 용담龍潭 임흘任屹(1557-1620)의 발문이 있다. 편찬된 뒤 임진왜란으로 간행되지 못하다가 16년이 지난 1603년(선조 36) 죽유에 의해 한 번 더 필사되었고, 이후 영조 때 함안군수로 있던 이휘진李彙晉에 의하여 증보되었으며, 다시 100여 년이 흘러 헌종 때 군수 이덕희李德熙에 의하여 한 번 더 보완되어 최종적으로 2권으로 갖추어졌다.

두 번째는 『용사난리록龍蛇亂離錄』이다. 이 책은 상주목사로 있다가 병으로 사임하고 영주 초곡으로 돌아온 54세(1593, 선조 26) 때 썼다. 제목에서 알 수 있듯이 임진왜란이 일어난 해와 그 다음 해, 2년 동안 자신이 겪은 전쟁의 참상을 서술한 책이다. '용龍'과 '사巳'는 1592년과 1593년의 12지支를 가리킨다. 1592년이 임진년으로 용이고, 1593년이 계사년으로 뱀이기 때문에 그렇게 제목을 붙인 것이다. 임진왜란 연구의 중요한 사료적 가치가 있는 책으로 추정되지만 아쉽게도 지금은 전하지 않는다.

세 번째 책은 『동사찬요』이다. 67세 때인 1606년(선조 39)에 1차로 완성되고 이후 8년간 수정을 거듭하여 75세(1614, 광해 6)에 개정본이 나왔다. 기존의 역사서들을 참고하여 단군부터 고려까지 1449년의 우리나라 역사를 기전체와 편년체를 절충하여 기록하였다. 이 책은 죽유의 저술목록에서 가장 중요한 위치를 점하므로 아래에서 좀 더 자세히 살펴보기로 한다.

네 번째로 편찬한 책은 72세(1611, 광해 3)에 완성한 『주자문록』이다. 주자의 모든 저술이 망라되어 있는 『주자대전』에서 주로 경세經世와 관련된 글들을 선별한 책이다. 주자가 임금에게 올린 상소문들인 봉사封事와 주차奏箚를 비롯하여 잡저雜著와 서문序文, 기記文 등의 글을 직접 선별하여 3책으로 묶었다. 77세 때 올린 공조참의 사직소에서 임금(광해)에게 『주자대전』에 실려 있는 봉사와 주차 같은 글의 중요성을 역설하며 일독을 건의하게 된 배경을 이루는 책이다. 주자의 편지글을 묶은 책은 이미 스승 이황에 의해 『주자서절요』로 묶여 나왔기 때문에 이 책은 나름 그 후속편의 의미를 지닌다. 조선 중기 영남학파 성리학자들의 주자사상에 대한 인식을 엿볼 수 있는 의미있는 자료인데, 역시 아쉽게도 실전되어 전하지 않는다. 참고로 고봉高峯 기대승奇大升(1527-1572)이 쓴 『주자문록』과는 다른 책이다.

죽유의 저술목록에서 마지막을 차지하는 것은 집안의 역사를 정리한 『가세지家世志』이다. 『주자문록』을 편찬한 2년 뒤인 74세(1613, 광해 5)에 완성하였다. 친가와 외가의 조상들의 사적을 정리한 내용이다. 젊어서 한양에 있을 때 문중 사람으로부터 오씨 족보를 얻어 볼 기회가 있어 필사해서 가지고 있다가 이를 토대로 만들었다고 서문에 쓰고 있다.

죽유는 비교적 장수한 편이라서 이밖에도 저술이 더 있을 것으로 짐작되지만 현재로서는 별도로 전하는 기록이 없다. 일설에는 현재 남아있는 것은 십분의 일에 불과하다는 이야기도 있다.

지금 전하는 문집은 죽유 자신이 묶은 『율계난고栗溪亂稿』가 모태이다. 사위 조형도가 지은 「행장」에 "공이 지은 시문은 난리에 흩어져 거의 없어졌고, 다만 『율계난고』 2권만이 집에 보관되어 있다."라고 한 것이 이를 말해준다. '율계'라는 호를 쓰기 시

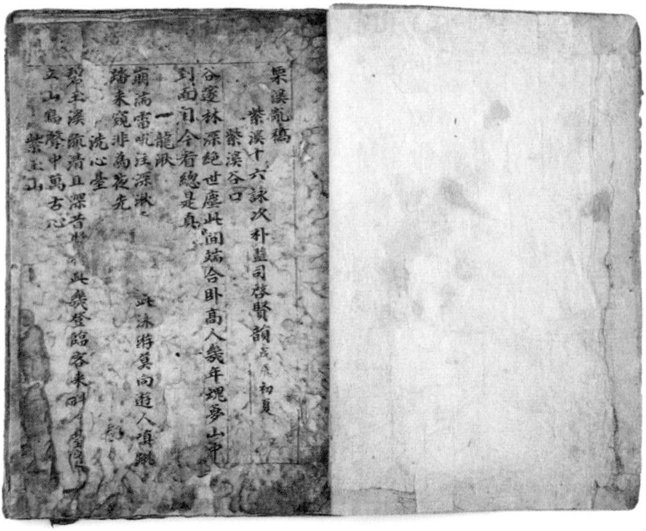

『율계난고』

작한 것이 62세부터이므로 이 책은 그 이후에 묶어 집에 보존했던 듯하다.

이것이 문집으로 발전한 것은 죽유의 7세손 명현命顯(1731-1768)에 의해서다. 명현은 『율계난고』를 바탕으로 인근에 흩어져 있던 죽유의 원고를 모으고, 여기에 연보와 부록을 덧붙여 문집 초본을 만들었다.

그 뒤 같은 7세손 사중司重(1745-1809)이 원고를 더 수소문하여 수합하고, 명현의 초본을 영주의 지인들과 함께 수정 보완한 다음 1783년 진성이씨 농은聾隱 이급李級(1721-1790)과 이수정李守定

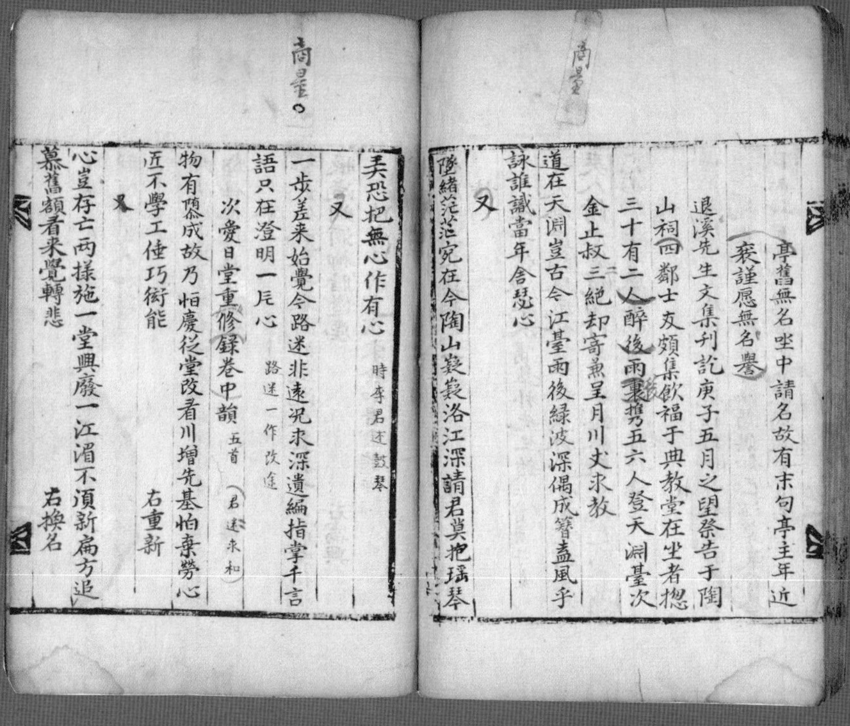

亭舊無名坐中請名故有末句亭主年近
衰謹愿無名譽
退溪先生文集刊訖庚子五月之望祭告于陶
山祠四鄰士友頗集飮福于典敎堂在坐者摠
三十有二人醉後雨裹携五六人登天淵臺次
金止叔三絶却寄兼呈月川丈求教
道在天淵豈古今江臺雨後綠波深偶成簪盍風乎
詠誰識當年舍瑟心
又
墜緖茫茫究在今陶山嶷嶷洛江深請君莫把瑤琴
弄恐把無心作有心 時李君述鼓琴
又
一步差来始覺今路迷非遠況求深遺編指掌千言
語只在澄明一片心 路迷一作改途
次愛日堂重修錄卷中韻 五首 君述求和
物有隳成故乃恒慶從堂改看川增先基恒棄勞心
匠不學工倕巧術能 右重新
又
心豈存亡兩樣施一堂興廢一江湄不須新扁方追
慕舊額看来覺轉悲 右換名

『죽유집』 교정본과 목판

두 사람에게 서문을 부탁하여 틀을 갖추었다. 이것을 6세손 후상厚相(1721-1797)이 다시 두와蠹窩 최흥벽崔興璧에게 정리를 부탁하여 정고본定稿本을 확정하였고, 8세손 경정慶鼎이 여기에 한백겸의 후손 한광선韓光善의 발문을 첨부하여 1824년 목판본으로 간행하였다. 이후 근래에 들어 지금 종손의 부친인 14세손 주호柱鎬가 2000년 『동사찬요』와 문집을 합본하여 국역한 『죽유전서竹牖全書』(1책)를 펴내 오늘에 이른다.

문집은 6권 3책으로 구성되었다. 권1~2는 시詩로, 모두 136수가 실려 있다. 권3은 상소문[疏](3편)을 필두로 편지[書](29편) · 서문[序](3편) · 기문[記](2편) · 발문[跋](11편) · 제문祭文(7편)이고, 권4는 행적行蹟(3편) · 묘갈명墓碣銘(2편) · 묘지墓誌(1편) · 묘표墓表(2편) · 잡저雜著(5편)이다. 이어 마지막 권5와 권6 두 권은 세계도世系圖와 연보年譜와 부록(상 · 하)으로 채워져 있다. 부록의 경우 상에는 광해군이 내린 사제문賜祭文(1편)과 사림이 올린 제문(8편), 죽유를 추모하는 지인들의 만사輓詞(40편)가 담겼고, 하에는 아들 여벌이 쓴 가장家狀과 사위 조형도가 지은 행장行狀, 학사 김응조가 지은 묘갈명, 죽유를 한천서원에 배향할 때 이급이 지은 봉안문奉安文과 이수정이 지은 산천서원 상향문常享文, 김희주金熙周와 성언즙成彦檝이 각각 지은 남계사 봉안문과 상향문, 김약련金若鍊의 오씨세고발吳氏世稿跋, 이 밖에 죽유의 행적과 관련된 주위사람들의 기록을 모은 기문록記文錄과 지인들로부터 받은 시문을 모은 투증시

장간독投贈詩章簡牘 등이 실려 있다.

2) 판본으로 본 『동사찬요』

앞에서도 이야기했듯이, 『동사찬요』는 1606년에 초본이 나오고 8년 뒤인 1614년에야 최종본이 나왔을 만큼 죽유가 말년에 심혈을 기울였던 저술이다. 죽유는 이 책을 집필하는 동안 모두 21종의 관련 서적을 참고했다고 「범례」 끝에 적고 있다. 『동국통감』과 『동국사략東國史略』, 『고려사高麗史』, 『삼국사절요三國史節要』 등의 우리 역사서와 『천운소통天運紹統』 등의 역대 중국 제왕들에 관한 기록, 『여지승람輿地勝覽』과 『죽계지竹溪志』 등의 지리지 및 지방지, 『동문선東文選』과 『청구풍아靑丘風雅』 등의 시문류, 『목은문집牧隱文集』과 『퇴계문집』, 『남명일고』 등의 개인 문집류, 그리고 일종의 백과사전인 『대동운옥大東韻玉』 등이다. 서목에서 보듯이 여러 분야의 책을 고르게 참고하였음을 알 수 있다. 시쳇말로 스칼라십이 십분 발휘된 저술인 것이다.

초본이 나온 뒤에도 몇 번에 거쳐 수정 보완된 만큼 현재까지 알려진 이 책의 판본도 여러 종이다. 이 방면의 연구를 길잡이로 삼아 일별하면 다음과 같다(자료 출처: 박인호, 「『동사찬요』에 나타난 죽유 오운의 역사지리인식」).

• **봉진본奉進本**

1606년 처음 편찬된 판본이다. 7권 4책으로 구성된 것으로 추정된다. 죽유의 동문 류성룡이 내용을 보고 감탄하여 선조에게 한 본을 봉진하였다고 한 데에서 판본 이름이 유래한다. 당시 선조는 이를 보고 유림의 표준이 될 만한 저술이라고 상찬하였다고 한다. 현재는 전하지 않아 간행본인지 필사본인지의 여부는 알 수 없다.

• **8권본**

8권 8책의 판본으로 일본의 내각문고 소장본이다. 책 말미에 '만력기유계림부간萬曆己酉鷄林府刊' 이라는 간기가 있는 것으로 보아 1609년에 간행된 것으로 보인다. 내용은 범례와 서문이 있고 이하 차례로 권1 국도기년, 권2 삼국명신, 권3~7 고려명신, 권8 별록으로 구성되어 있다.

• **11권본**

기존 8권본 가운데 권1을 상 · 중 · 하로 나누고 권2를 상 · 하로 나누어 실제적으로는 11권인 판본이다. 동국대학교 경주캠퍼스에 소장되어 있다. 291장인 8권본에 비해 547장으로 내용이 크게 늘었다. 서문이나 발문이 없어 정확한 간행연대는 알 수 없으나, 끝에 있는 간기에는 8권본과 동일하게 '만력기유계림부간萬曆己酉鷄林府刊' 이라는 표기가 있다. 이를 고려하면 기유계림부본이 나온 1609년에서 죽유의 발문이 있는 1614년본 사이에 나온 것으로 추정된다.

- **12권본**

영주에서 간행된 판본이다. 11권본과 시차가 그리 크게 벌어지지 않을 것으로 판단된다. 1614년에 쓴 죽유의 발문이 권말에 수록되어 있는 것으로 보아 이때 간행된 것으로 여겨진다. 외형적으로는 8권 8책으로 되어 있으나 11권본처럼 주요 권의 내용을 상 · 중 · 하로 나누고 있어 실제로는 12권 8책의 규모이다. 11권본과 비교하여 지리지(권2중)가 보완되었고 고려의 문신 원천석元天錫(권7의 보유)에 대한 내용도 추가되었다. 이러한 개정 작업은 한백겸의 지적에 말미암은 것이다. 한백겸은 1613년 가을 이전에 간행된 『동사찬요』를 보고 「동사찬요후서東史纂要後敍」(『죽유집』과 한백겸의 문집인 『구암유고久菴遺稿』에 모두 수록되어 있음)라는 글을 통해, 열전列傳은 상세하지만 본기本紀는 간략하고 표表와 지志가 없어 각종 법제의 연혁이나 군주의 정치 득실을 살필 수 없다는 점을 지적한 바 있다. 그리고 우리나라 역사지리에 대한 보완과 고려 명신 항목에 원천석이 빠졌음을 지적하는 편지도 보내왔다. 이 12권본은 한백겸의 이와 같은 의견들을 반영하고 기타 자신이 생각하기에 미진한 부분을 보완한 것이다. 서울대 규장각한국학연구원을 비롯하여 주요 대학의 도서관에 소장되어 있다.

• **16권본**

1908년 영주 삼우정三友亭에서 새로 판목을 제작하여 간행한 판본이다. 앞서 11권본과 12권본이 8권본 권2 이하의 차례를 그대로 유지하기 위해 무리하게 상·중·하로 권을 나누었던 것을 수정하여 모두 16권 8책으로 분권하였다. 그리고 마지막에 있던 죽유의 발문을 서문으로 옮기고 끝에 「동국세가東國世家」를 추가하였다. 국립중앙도서관과 고려대, 성균관대를 비롯한 여러 대학 도서관에 소장되어 있다. 한편, 이 판본은 1983년 『죽유선생문집』과 합본되어 『죽유전서』라는 이름으로 영인 간행되었고, 2000년에는 14세손 주호의 주도로 고령문화원에서 이를 국역본으로 다시 간행하였다.

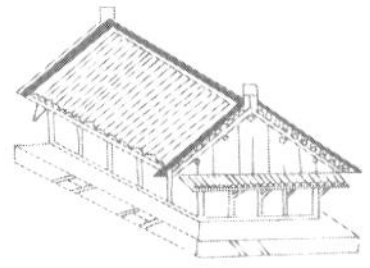

제3장 죽유종가의 가풍을 이은 현인들

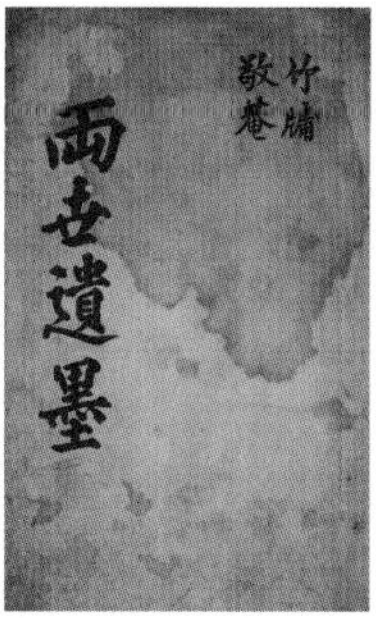

1. 종가를 일구다 – 정치적 부침을 넘어서

죽유는 슬하에 3남 1녀를 두었다. 고창오씨 시조 학린의 14세손이자 종가의 기점인 죽유로부터는 2세에 해당하는 인물들이다. 아들 가운데 첫째는 여은汝穩이고, 둘째는 여벌汝橃이며, 셋째는 여영汝楧이다. 둘째 여벌은 집안의 맏이이자 죽유의 형님이었던 진溍에게 후사가 없어 그곳으로 출계出系하였고, 딸은 함안조씨 동계東溪 조형도趙亨道(1567-1637)에게 시집을 갔다. 죽유의 대를 이은 첫째 여은은 슬하에 익환益煥, 익엽益燁, 익휘益輝, 익위益煒 네 아들과 세 딸을 두었는데, 둘째 익엽은 큰집으로 출계한 여벌에게 또 후사가 없자 다시 출계하여 대를 이었다.

죽유에 의해 씨가 뿌려진 초창기 종가의 터전은 이들 가운데 여은, 여벌 두 형제와 아랫대인 익환 등에 의해 주로 일구어졌다. 이들 세 사람은 앞뒤로 차례로 문과에 급제함으로써 죽유와 함께 3대가 대과에 오르는 영예를 안았다. 또한 광해군 때 편찬된 『선조실록』에도 편수관으로 나란히 이름을 올려 가문의 위상을 떨쳤다. 당시 세 사람의 직책은 여은의 경우 통훈대부로서 예문관 봉교奉敎였고, 여벌은 어모장군禦侮將軍으로 용양위의 부사과지제교副司果知製敎였으며, 익환은 통덕랑通德郎으로 예문관 검열檢閱이었다. 죽유에 이어 2대가 중앙관직을 역임함으로써 종가의 번창에 큰 기여를 한 것이다.

1) 낙애洛厓 오여은吳汝檼(1561-1633)

맏이 여은은 죽유가 김해허씨와 결혼한 지 4년 후인 22세(1561, 명종 16)에 낳은 아들이다. 자는 융보隆甫이고, 호는 낙애洛厓와 벽계碧溪이다. 1561년 11월 16일에 태어나 1633년(인조 11)에 죽었다. 기품이 굳세고 시원하였으며 문장이 뛰어나다는 평을 받았다. 임진왜란 때는 아버지를 도와 의병활동에도 나서 녹훈을 받았으며, 곽재우가 의령에서 창의할 때 동참한 사람들의 명단인 「용사응모록龍蛇應募錄」에 아버지 죽유와 나란히 이름이 올라 있다.

임진왜란이 일어나기 한 해 전인 30세(1591, 선조 24)에 진사에 합격하여 직장直長 등의 벼슬을 지냈고, 만년인 1613년(광해 5)에

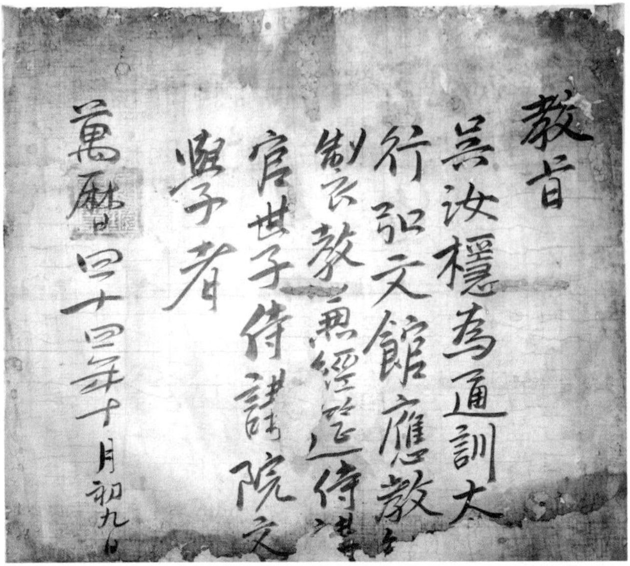

教旨
吳汝檼爲通訓大
行弘文館應教知
製教兼經筵侍講
官世子侍講院文
學者
萬曆四十三年十月初九日

오여은 세자시강원문학 교지

치러진 증광시增廣試를 통해 대과에 급제하였다. 이후 예문관 검열檢閱과 홍문관 전한典翰, 춘추관 편수관編修官을 차례로 역임하고, 세자시강원의 필선弼善과 문학文學, 보덕輔德 등을 차례로 지냈다. 이 가운데 검열은 정9품으로 비록 직위는 낮았지만 청요직淸要職의 하나로 관료들의 선망의 대상이 되는 직책이었다. 임금의 측근에서 사실을 기록하고 왕명을 대필하는 등의 일을 수행함으로써 실록 편찬의 기초자료인 사초史草의 작성을 담당하는 일이 주된 업무였는데, 이 때문에 문과 급제자 가운데서도 『통감』

과 『좌전』 등의 역사서에 대해 밝은 인물이 주로 선발되었다. 이러한 경력은 이후에도 관료로서의 성품에 작용하여 사간司諫으로 있을 때(1617, 광해 9) 당시의 현안을 비롯하여 나랏일이 제대로 이루어지지 않음을 한탄하며 임금에게 자신의 직위를 파하여 줄 것을 청하는 과단성으로 나타나기도 하였다.

학맥은 남명학맥으로 정인홍의 문하이다. 정인홍의 문집인 『내암집來庵集』에 실려 있는 「문인록」에 그 이름이 보인다. 이런 학연으로 1602년(선조 35)에는 재야에 있으면서 서인인 이귀李貴의 탄핵을 받은 정인홍을 변호하여 '정인홍은 사람 가운데 봉황인데 이귀가 감히 죄를 얽어 날조하였다' 는 취지의 상소를 직접 올리기도 하였다.

잘 알려져 있듯이, 정인홍은 광해군 때 대북정권의 실세였다. 따라서 정인홍과의 이러한 인연은 여은 본인의 관운官運은 물론 종가의 가세 확장에도 힘이 되었을 것으로 짐작된다. 그러나 빛이 있으면 어둠이 있듯이, 이러한 인연은 인조반정으로 대북정권이 실각하자 오히려 족쇄로 작용하였다. 이에 따라 여은은 인조가 등극하자마자 반정세력으로부터 '이이첨의 심복인 동시에 정인홍의 수족' 으로 몰리면서 고난의 길을 걸었다. 그러다가 1631년(인조 9) 북방으로 위리안치되는 변을 당하고는 2년 뒤 돌아오지 못하고 유배지에서 생을 마감하였다.

배필로 첫 번째 부인은 상주주씨尙州周氏로서 백운동서원(현

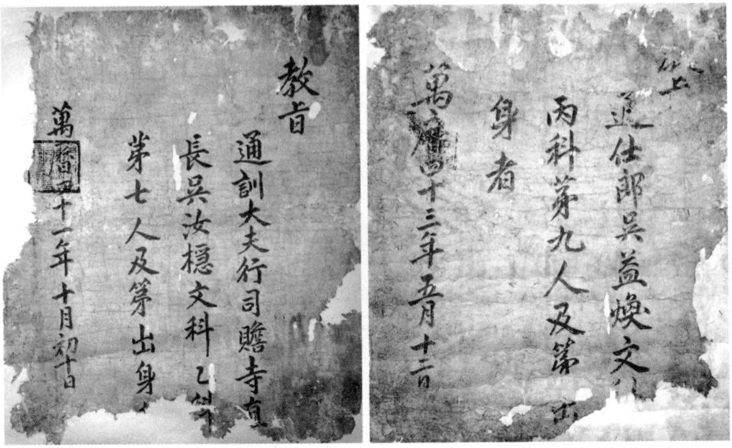
敎旨
通訓大夫行司贍寺直長吳汝穩文科乙科第七人及第出身者
萬曆十一年十月初十日

通仕郎吳益煥文科丙科第九人及第出身者
萬曆四十三年五月十二日

오여은(좌) · 오익환(우) 부자 홍패 교지

소수서원)을 세운 신재 주세붕의 손녀이고, 두 번째 부인은 고령의 세족인 고령박씨 박정완朴廷琓의 딸이다. 박정완은 같은 정인홍의 문인으로 임진왜란 때 동생 박정번朴廷璠과 의병활동을 함께 하면서 지금의 고령 도진마을 뒤 개산포開山浦 전투에서 집안 종들을 이끌고 승리를 이끌어낸 인물이다. 이처럼 두 번째 처가인 고령박씨 가문은 남명학맥으로서 고령 지역에서 명망이 높았던 관계로 여은이 종가의 초창기 터전을 일구는 데 많은 힘이 되었다.

2) 경암敬菴 오여벌吳汝橃(1579-1635)

여벌은 죽유의 둘째 아들로 자는 경허景虛이고 호는 경암敬菴

과 남악南岳이다. 죽유가 40세 되던 해인 1579년(선조 12) 7월 13일 의령 가례리嘉禮里에서 태어났다. 6세 때 이미 글을 깨우쳐 책을 읽고 글씨를 쓸 수 있을 정도로 영민했다고 전한다. 9세 때 아들이 없던 큰아버지 진溍의 후사로 출계하여 큰집의 대를 이었다. 일찍이 생부인 죽유로부터 '염근충신廉謹忠信', 즉 매사에 청렴하고 근신하며 충직함과 신실함을 잃지 않도록 하라는 가르침을 받고 평생 이를 좌우명으로 삼아 실천하였다.

23세 되던 1601년(선조 34) 진사시에 합격하였고, 2년 뒤인 1603년(선조 36) 대과에 급제하였다. 급제 후 처음 제수받은 관직은 종실의 업무를 담당하는 종부시宗簿寺의 직장直長이었다. 이어 다음해에 사간원 정언正言에 올랐는데, 당시 영의정 윤승훈尹承勳(1549-1611)의 거취를 두고 언관으로서 맡은 바 책무를 소홀히 한 홍문관원들의 잘못을 탄핵함으로써 조정에 이름을 알렸다. 이후 성균관 전적典籍과 직장直長을 거쳐 1605년(선조 38)에는 선무공신宣武功臣에 이름을 올렸다. 이듬해 병조좌랑兵曹佐郎으로 있으면서 지제교知製敎를 겸직하였는데, 이때부터 다른 관직으로 옮기더라도 모두 지제교를 겸하였다. 광해군 대에 들어서는 울산판관과 예조좌랑, 영천군수를 차례로 역임하였으며, 1616년(광해 8)에는 진휼종사관賑恤從事官에 임명되어 경상도와 강원도의 흉년을 구휼하는 일을 수행하였다.

이후에도 정5품인 세자시강원의 문학文學 벼슬과 홍문관 교리校理 등의 중앙직과 대구도호부사, 청송부사, 연일군수 등의 지방관을 연달아 역임하였으며, 마지막에는 창원부사로 있다가 거기서 순직하였다. 지방관으로 있을 때는 늘 선정을 베풀어 울산과 연일, 창원의 백성들이 그 공덕을 기려 비를 세울 정도였다. 이뿐만 아니라 형제간 우애도 깊어 형 여은이 북방으로 유배를 가자 이를 한탄하며 눈물지었고 동생이 궁핍하게 되자 이를 가엾게 여겨 물심양면으로 베풀며 도왔다.

학문적으로는 퇴계학맥에 속하여 류성룡과 정구의 문하에서 공부하였다. 형 여은과 달리 남명이 아닌 퇴계학맥에 입문하게 된 데에는 두 사람의 성장기 환경과 관련이 있는 듯하다. 앞서 언급하였듯이, 죽유는 임진왜란이 발발하자 가족을 의령에서 영주 초곡으로 피난시켰다. 이때 여은은 서른을 갓 넘긴 나이였으나 여벌은 10대 초반이었다. 이에 따라 여은은 영주로 이주하기 훨씬 전에 이미 학문을 시작할 나이가 되어 가까이 있는 남명학맥의 문하에 든 것으로 보인다. 하지만 당시 여벌은 아직 10대 초반으로 본격적인 학문의 길로 들어서기에는 이른 나이였던 까닭에 영주로 이주한 후 비로소 지역의 주류 학맥인 퇴계학맥에 연을 두게 된 것으로 추정된다.

그는 학문적으로 생부인 죽유의 영향도 많이 받은 것으로 보이는데, 『동사찬요』의 영향을 받아 「중국역대총론中國歷代總論」과 「동국역대기사東國歷代紀事」와 같은 역사서를 저술한 것이 좋은

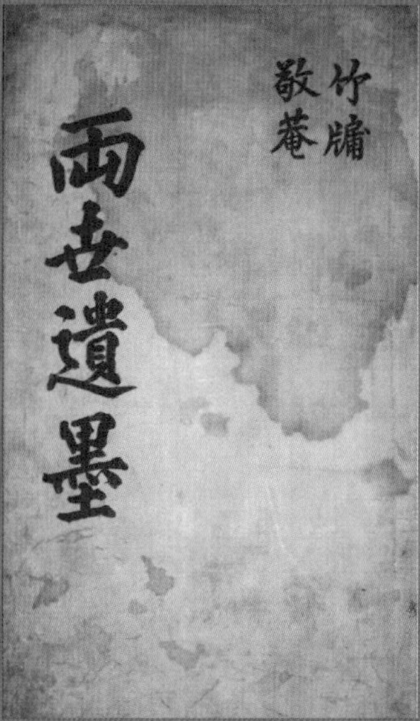

죽유 · 경암의 『양세유묵』

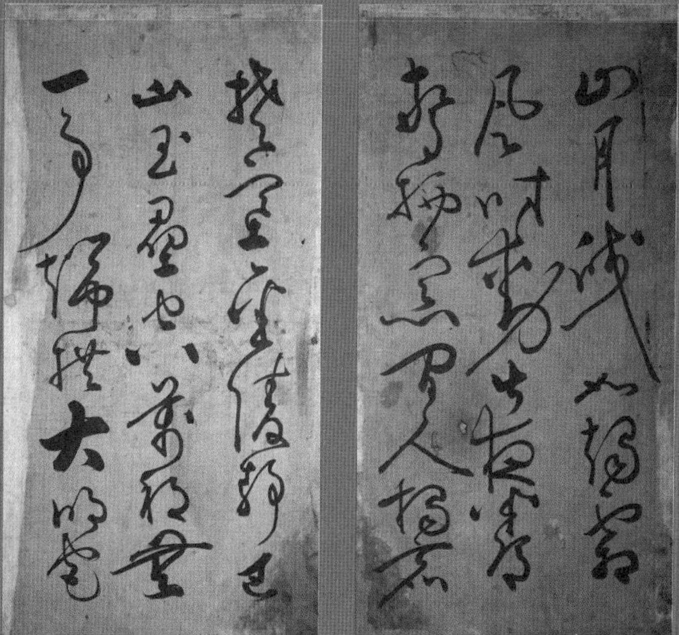

예이다. 여벌은 이 밖에 『주역』에도 조예가 깊어 「역괘도易卦圖」와 「천지만물도天地萬物圖」, 「음양오행도陰陽五行圖」 등의 글을 남겼다. 요堯·순舜부터 시작하여 공자孔子·맹자孟子·주자朱子를 거쳐 조선에 이르는 도통道統의 계보를 정리한 「도통연원도道統淵源圖」도 영남 남인의 입장에서 도통론을 체계화한 것이어서 의미가 깊다. 이상의 글과 여타 저술들을 묶은 『경암집』이 전한다.

배필은 의성김씨로 김성일의 손녀이다. 1585년(선조 18) 9월 14일 생으로 65세의 수를 누렸다. 김성일 집안과의 인연은 선대부터 각별하였다. 죽유와 김성일은 퇴계문하의 동문이며, 임진왜란 때는 죽유가 김성일의 휘하에 들어가 국난을 극복하는 데 함께 힘을 모았다. 특히 김성일이 진주성 임지에서 순국하자 죽유가 직접 시신을 수습하기도 하였으니, 집안간의 일반적인 교유의 정도를 넘어선다고 할 수 있다. 여벌의 혼인은 이와 같은 두 집안의 유대를 더욱 공고히 하는 것이어서 죽유종가의 경상좌도 안착에 힘이 되었음은 물론이다.

3) 만봉晩峰 오익환吳益煥(1594-1645)

익환은 여은의 맏아들로 죽유로부터 3세에 해당한다. 자는 숙회叔晦이고 호는 만봉晩峰이다. 임진왜란 발발 두 해 후인 1594년(선조 27) 8월 30일 생이고, 향년 52세로 1645년(인조 11) 4월 20일

吏曹萬曆四十四年九
月十四日奉
敎通善郎行藝文館檢
閱兼春秋館記事官吳益
煥爲通德郎行藝文館
檢閱兼春秋館記事官者
萬曆四十四年九月 日

오익환 통덕랑 승진 교지

작고하였다.

1615년(광해 7)에 치러진 식년시式年試를 통해 문과에 급제하였다. 홍문관 수찬修撰과 한림翰林(예문관 검열의 별칭)을 지냈다. 한림으로 있을 때 임금 광해의 명을 받들어 당시 낙향해 있던 정인홍의 입조를 전달하는 일을 수행하기도 하였다. 여기에는 익환이 아버지 여은과 마찬가지로 학맥상으로 남명학맥인 정인홍의 문하로 분류되는 점도 일정 정도 작용한 것으로 보인다.

하지만 이 때문에 대북정권의 일원으로 간주되어 인조반정이 일어나자 여은과 함께 함경도 북단의 종성鍾城으로 유배되어 위리안치되는 불행을 겪었다. 그리고 유배지에서 아버지 여은의 상을 당한 후 1637년(인조 15)에 사면되어 집으로 돌아왔다. 집으로 돌아온 이듬해인 1638년 어머니 고령박씨가 자식들에게 재산을 상속하면서 작성한 분재기에는 이때의 정황이 간략하게 기록되어 있다. 집안이 불운을 만나 갑자기 계해년(1623년 인조반정을 가리킴)의 화를 입어 가장(여은)과 맏이 익환이 북쪽 변방으로 유배를 갔는데, 계유년(1633) 가을 불행히도 가장이 유배지에서 세상을 하직하는 망극의 변을 당하였다고 애통해 하면서, 맏이 익환 또한 여전히 유배지에서 돌아오지 못해 재산을 상속하지 못하다가 다행히 정축년(1637)에 유배가 풀려 돌아옴으로써 이제 미루어 두었던 분재를 한다는 내용이다.

익히 알려진 대로, 광해에 대한 후세의 평가는 엇갈린다. 한편에서는 서모를 감금하고 어린 이복동생을 죽인 폭군으로 치부되는 반면, 다른 한편에서는 분조分朝를 성공적으로 이끌어 임진왜란을 극복하는 데 기여를 하였고 등극 후에도 중국 명나라와 청나라를 상대로 등거리 외교를 펼쳐 나라를 지켰으며 대동법을 시행하고 허준許浚으로 하여금 『동의보감東醫寶鑑』 편찬을 완수하게 하는 등 현군賢君으로서의 정치를 펼쳤다고 평하기도 한다. 그런데 광해에 대한 이런 평가는 어느 것이 맞느냐의 문제와는 관계가 없다. 모든 역사적 평가가 그렇듯이, 평가의 주도권을 쥔 세력이 어떤 생각을 가지고 있느냐에 따라 이 가운데 어떤 것은 도드라지게 강조되고 어떤 것은 과도하게 무시된다.

이 점에서 인조반정 후 죽유 가문의 몰락은 예견된 일이었다. 죽유를 포함하여 손자 익환까지 3대는 반정 주체인 서인과 적대 관계에 있는 북인 또는 남인계열에 속해 있었기 때문이다. 특히 여은과 익환은 서인이 주적으로 몰았던 대북 계열에 적을 두었던 까닭에 치명상을 입었다. 그 결과 죽유가 씨를 뿌리고 아들 손자들이 터전을 일구던 종가의 가세는 심각한 타격을 받았다. 따라서 죽유종가 사람들에게 인조반정은 종가의 발전 과정에서 부딪힌 첫 번째 시련이었다.

2. 종가를 가꾸다 –
지역활동에서 독립운동까지

1) 지역의 중심 문중으로 다시 서다

인조반정으로 생각지도 않은 어려움에 봉착했던 죽유종가는 그런 가운데서도 선대로부터 물려받은 사회경제적 기반을 토대로 가문을 유지 발전시키고자 하는 노력을 계속하였다. 뒤에 다시 자세히 살펴보겠지만, 죽유종가는 종가의 터전과 처가 및 외가의 연고지였던 함안과 의령, 영주, 고령, 고성, 성주, 지례, 창녕 등에 일정한 토지를 소유해 왔다. 여기다가 18세기 초중반을 기준으로 할 때 노비도 평균 100~150구를 소유하는 등 종가를 꾸려나가는 데 필요한 충분한 경제력을 지속적으로 유지해나갔다.

죽유 이후 여은부터 현재까지 종가의 구심점을 이루는 봉사손의 계보를 정리하면 다음과 같다.

【죽유 이후 종가 봉사손(종손) 일람】

대수	이름	자	호	생몰	부인	비고
1세손	여은 汝檼	융보 隆甫	낙애 洛厓 벽계 碧溪	1561- 1633	상주주씨 尙州周氏 고령박씨 高靈朴氏	-진사(1591), 문과(1613) -예문관검열, 춘추관편수관, 시강원보덕
2세손	익환 益煥	숙회 叔晦	만봉 晩峰	1594- 1645	남평문씨 南平文氏	-문과(1615) -홍문관수찬, 예문관한림
3세손	숙 塾	학부 學夫		1616- ?	철성이씨 鐵城李氏	-통덕랑
4세손	주필 弼周	백흠 伯欽		1639- 1699	밀양박씨 密陽朴氏	
5세손	상원 尙源	장언 長彦		1664- 1707	재령이씨 載寧李氏	
6세손	후침 后梫	영보 榮甫		1707- 1732	고령박씨 高靈朴氏	-立後: 弼周의 4남 尙泓의 子
7세손	현창 顯敞	화경 和卿		1730- 1791	여주이씨 驪州李氏	
8세손	경정 慶鼎	재빈 載賓	괴석정 槐石亭	1756- 1827	은진송씨 恩津宋氏	-立後: 죽유의 3남 汝椣의 6세손 光顯의 子
9세손	응한 應漢	규오 奎五		1789- 1849	전의이씨 全義李氏	

대수	이름	자	호	생몰	부인	비고
10세손	원순 元淳	치선 穉善		1807-1876	성산도씨 星山都氏	
11세손	인상 仁相	시중 時仲		1840-1916	순천박씨 順天朴氏	
12세손	성렬 聖烈	명여 命汝		1872-1926	광주노씨 光州盧氏	
13세손	재춘 在春	농은 聾隱		1908-1991	여강이씨 麗江李氏 (李必主: 1908-1993)	
14세손	주호 柱鎬	세언 世彦	성초 聖楚	1931-2005	성산여씨 星山呂氏 (呂再粉: 1935-)	
15세손	용원 龍源	문창 文彰	죽천 竹泉	1965-	남평문씨 南平文氏 (文惠敬: 1968-)	

그러나 관직의 경우는 조선후기의 정치적 세력구도 속에서 북인의 후손이 갖는 근원적인 한계 때문에 여러 가지로 제한적일 수밖에 없었다. 관직의 맥이 익환의 아들인 숙을 끝으로 한미해진 것이 이를 잘 말해준다. 익환 아래 대의 경우 증손자인 상원이 과거의 1차 시험격인 향시鄕試에 몇 차례 합격한 것에 그쳤고, 5대손에 해당하는 방계 현충顯忠(1741-1811)이 무과에 급제하여 곽산郭山(평북 정주) 군수를 역임한 것이 거의 전부이다.

이처럼 관직 진출을 통한 가문의 현창이 여의치 않게 되자 죽유 문중 사람들은 지역 사회에서의 적극적인 활동들을 통하여 중심 가문으로서의 위상을 꾸준히 지켜나가고자 하였다. 죽유의 셋째 아들 여영의 손자인 선기善基(1630-1703)가 학문 연마와 제자 양성에 매진한 업적을 지역 사림으로부터 평가받아 1707년(숙종 33)에 창건된 매림사梅林祠에 제향된 것이 한 예이다. 이 매림사는 나중에 매림서원으로 발전하여 현재는 죽유종가 초입에 자리잡고 있다.

지역 사회의 구심점으로 활동한 죽유종가 구성원들의 노력 가운데 주목되는 또 하나의 사례는 19세기 초반 향약에 해당하는 마을 동약洞約을 다시 부흥시킨 8세손 경정의 활약이다. 이 동약의 전말에 대해서는 종가에 보존되어 있는 『매촌동약梅村洞約』의 서문에 잘 기술되어 있다. 이 서문은 동약 부흥 활동을 하면서 『매촌동약』을 직접 편집한 경정이 쓴 것이다. 이에 의하면, 당시 종가가 소재하던 매촌리에는 100여년 전부터 내려오던 동약이 있었으나 이때 즈음에는 쇠락하여 거의 유명무실해진 상태였다. 이를 안타깝게 여긴 마을 주민들은 경정의 주도로 1801년(순조 1) 다시 동약을 부흥시키기로 하였다. 이에 따라 신분을 가리지 않고 공평하게 곡식을 갹출하고 여기에 연초煙草를 팔아 공동기금을 마련한 후, 이를 재원으로 하여 병에 걸린 주민을 구제하고 상제례 부조 등의 활동을 펼쳤다.

매촌리 동약의 운영 과정에서 경정의 활약상과 관련하여 특

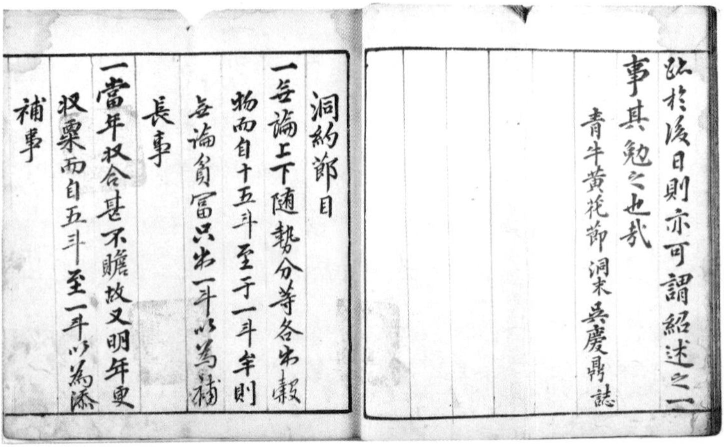

[illegible]於後日則亦可謂紹述之一
事其勉之也哉
青牛黃花節 洞末 吳慶鼎誌

洞約節目
一無論上下隨勢分等各出穀
物而自十五斗至于一斗牢則
無論貧富只出一斗以爲補
長事
一當年收合甚不贍故又明年更
收粟而自五斗至一斗以爲添
補事

『매촌동약』(오른쪽은 오경정의 서문 부분)

히 눈에 띄는 것은 '선돌船突' 이라고 불린 뱃도랑의 건설이다. 『매촌동약』에 기술되어 있는 경정의 설명에 따르면, 이것은 물길을 파고 바닥에 돌을 깐 다음 그 위로 도랑을 설치한 일종의 농업용 수로이다. 이를 통하여 산에서 내려오는 계곡물을 유도하여, 이 물이 마을의 농지를 관통하면서 현재 종가 앞을 흐르는 지금의 안림천으로 배출되게 함으로써 풍년을 기하였다. 건설 과정에서는 당연히 주민들 간의 갈등도 있었다. 수로가 지나갈 땅의 공여 문제가 대표적인 요인이었다. 하지만 그때마다 경정이 중재를 하여 수로는 1823년(순조 23) 봄 한 달 여간의 공사 끝에 완성되었다. 수로가 완성된 이 해 여름에 비가 많이 와 지역에 수재가

심하였지만 수로 덕분에 매촌리는 온전하였고 가을에 농사도 대풍이었다고 전한다. 이를 계기로 경정은 이듬해인 1824년(순조 24) 수로 좌우로 나무를 심고 중앙 부분에 단을 쌓아 이것이 마을 공동체를 상징하는 공간이 되도록 신경을 썼다. 하지만 이렇듯 동약의 상징이었던 이 수로는 유감스럽게도 1920년 대홍수로 마을이 범람하고 그 여파로 안림천의 물길이 바뀌면서 지금은 없어지고 말았다.

관직으로부터 지역사회로 눈을 돌린 죽유종가 사람들의 이런 노력은 가문이 영남의 주요 종가의 일원으로 안착하고 성장하는 데 뚜렷이 기여하였다. 이를 실증적으로 보여주는 자료가 지방지 인물 조항에 수록된 죽유 문중 사람들의 수이다. 예를 들어 17세기 고령에 자리를 잡은 이후의 이 지역 유림과 관련된 기록을 보면, 1667년(현종 8)에 만들어진 『고령유안高靈儒案』에는 앞서 말한 오선기 한 명이 올라 있고, 1760년(영조 36) 경에 편찬된 『여지도서輿地圖書』의 고령 읍지에는 고창오씨가 하나도 실리지 않고 있다. 이에 비하여 1832년(순조 32)에 만들어진 읍지에는 오선기와 함께 오익엽吳益燁(1599-1687)도 수록되어 있고, 이어 1895년(고종 32) 읍지에는 7명이 등재되어 있다. 이는 이 기간 동안 죽유 문중이 종가 구성원들의 노력에 힘입어 지역사회에 착실히 자리잡아 갔음을 보여주는 증거이다.

2) 영주에서 고령으로

정치적 풍향과 그에 따른 가문의 부침으로 말미암아 익환 이후 종가의 소재지도 일정한 변천을 거쳤다. 종가의 애초 연고지는 10세 석복이 영남에 들어와 처음 자리잡은 함안이었다. 죽유가 태어난 곳도 바로 이 모곡리인 것을 감안하면, 증조인 석복 이후 그때까지 죽유의 집안은 계속 함안에 살았던 것으로 보인다. 이는 연보에 죽유가 47세 되던 해(1586) 충주목사에서 물러나 함안의 집으로 돌아왔다고 기록되어 있는 것을 통해서도 확인된다.

이러는 동안 죽유는 처가 마을인 의령 가례리에 별장을 짓고 대를 쌓아 틈틈이 거기서 생활하였다. 대는 백암대白巖臺를 말하는데, 의령에 스승 이황이 왕래하며 노닐던 곳이 있어 이를 기리고 향유하고자 39세 되던 해 명천현감으로 나갔다가 사임하고 고향으로 돌아오는 길에 별장과 함께 마련한 것이다. 임진왜란이 일어나던 해(1592)에 죽유는 바로 이 의령 별장에서 생활하면서 그곳에서 의병을 일으킨 곽재우를 도와 지원에 나섰다.

그러다가 임진왜란이 발발하자 죽유는 가족을 영주 초곡으로 피신시킨다. 바로 영주의 재지사족 문경동이 사위 허찬에게 상속하고 그것을 물려받은 그의 아들 허사렴이 다시 자신의 사위인 죽유에게 상속한 집과 토지가 있던 곳이다. 이런 연고로 죽유는 초곡에 일찍부터 별장을 마련해 놓은 터였다. 이렇게 하여 가족의 안전을 무사히 보존한 죽유는 전쟁이 끝나자 이곳을 새로운 거주지로 삼음으로써 종가의 영주 시대를 열었다.

그러나 이렇게 시작된 종가의 영주 시대는 그리 오래가지 않았다. 죽유의 아들 여은이 고령으로 옮겨 거주지를 형성하기 때문이다. 『고창오씨세보』 병진보丙辰譜(1796)에 여은의 거주지가 성주 노강蘆江과 고령 용담龍潭으로 기록되어 있고, 『고창오씨가세지』에 실린 아랫대 익환의 행록行錄에도 마찬가지로 거주지가 성주 노강과 고령 용담으로 기재되어 있으며, 그의 부인 남평문씨의 분묘지 역시 성주에 되어있는 것이 그 증거이다. 남명 문하인 어적漁適 유중룡柳仲龍(1558-1635)이 쓴 『어적집漁適集』 「우인동화록友人同話錄」의 인명록에 실려 있는 여은의 거주지 또한 고령으로 되어있다. 이러한 기록들을 감안할 때, 죽유종가의 고령 입향은 여은으로부터 시작된 것이 확실해 보인다. 이러한 연유로 여은의 손자 수은 고령과 영주 두 곳에 집을 두고 왕래하였을 것으로 추정된다. 그러다가 17세기 중반 익환의 손자이자 죽유의 고손高孫인 필주弼周(1639-1699) 대에 이르러 성주 사창리社倉里로 다시 거처를 옮겼다. 이처럼 후대가 고령과 성주 등지로 거처를 옮길 수 있었던 것은 고령이 여은의 처가 고령박씨 세거지이고, 성주 또한 익환의 처가 남평문씨 세거지였기 때문에 가능하였다.

하지만 종가의 성주 시대 또한 오래가지 않았다. 이곳으로 거주지를 옮겼던 필주, 석주錫周(1643-?), 응주應周(1648-1704) 삼형제

가운데 맏이인 필주는 얼마 안 있어 선대의 연고가 있는 의령으로 다시 이사를 하였고, 2남 석주와 3남 응주는 고령 매촌으로 이거하였다. 그 뒤 필주가 1699년 세상을 떠나자 죽유의 불천위 신주를 모실 사당을 고령 매촌리에 새로 건립하였다. 당시 「별묘봉안제문別廟奉安祭文」은 고손인 진사 노은路隱 수규壽奎(1651-1717)가 지었다.

종가는 필주의 손자인 후침에 이르러 또 한 번 터전을 옮기는데, 그곳이 바로 여은이 자리 잡아 터를 이루어 놓았던 고령 용담이다. 당시 후침이 다시 돌아온 곳은 현재의 자리인 송림리가 아니라 종가 앞 안림천 건너에 있는 매촌리였다. 후침이 이곳으로 거주를 옮긴 것은 처가인 고령박씨가 지역의 유력 가문이라는 점과 불천위 사당을 매양 지손들에만 맡겨 놓을 수 없었다는 점, 그리고 세월이 많이 흘러 인조반정의 여파로 경계하던 세력도 없어졌다고 판단하였기 때문이 아닌가 여겨진다. 또한 종가의 이와 같은 자유로운 이주의 배경에는 함안을 필두로 의령, 영주, 고령, 고성, 성주, 지례, 창녕 등에 산재해 있던 토지 등의 경제력도 한몫 했을 것으로 추정된다.

죽유종가의 잦은 이전과 관련하여 구전되는 재미있는 일화가 하나 있다. 일찍이 죽유는 말년에 후손에게 나의 자손들은 '곡谷' 자가 들어가 있는 마을에 살아야지만 목숨을 부지하고 대代를 이어 갈 수 있을 것이라고 했다고 전한다. '곡' 이 글자 그대로 골짜기를 가리킨다기보다는 은거형 지세를 의미한다고 볼 때, 후손들은 거주지를 택할 때 이 말을 지침으로 삼지 않았나 싶다.

후침에 의해 본격적으로 시작된 종가의 고령 시대는 근대에 들어와 한 번 더 입지의 변화를 겪는다. 후침이 자리잡은 매촌리는 현재를 기준으로 할 때 지금 종가 앞을 흐르는 안림천 건너편이다. 후침 이후 종가는 앞의 경정의 예에서 보듯이 여기를 발판으로 지역의 유력 가문으로 성장하였고, 그 결과 19세기 후반에 이르러서는 고령을 대표하는 사족으로서 탄탄한 기반을 구축할 수 있었다. 그러다가 1920년 대홍수로 안림천이 범람하여 매촌리가 사람이 살 수 없는 황무지로 변하는 일이 발생하였다. 이렇게 되자 종가는 부득불 현재의 위치인 안림천 북쪽 송림리로 터를 옮겼고, 이후 오늘에 이른다. 이렇게 본다면 종가가 고령과 인연을 맺은 것은 대략 400년 정도인데, 그 가운데 매촌리 시대가 300여 년, 지금의 송림리 시대가 100여 년이 각각 되는 셈이다.

참고로 죽유도 생전에 고령을 방문한 바는 있다. 38세 때인 1577년(선조 10) 호조좌랑戶曹佐郞 겸 춘추관春秋館 기사관記事官으로 있으면서 겨울에 휴가를 얻어 고향 함안으로 가는 도중이었다. 이때 죽유는 고령을 지나며 쾌빈루快賓樓라는 누각에 올라 시를 한 수 지었다. 바로 문집에 들어있는 「고령의 작은 누각에서 외증조 송재 이선생의 시를 삼가 차운하다(高靈小樓敬次外曾祖松齋李先生韻)」라는 제목의 시이다. 송재 이우는 조부인 언의의 장인이기 때문에 죽유에게는 외증조부가 된다. 이런 인연 외에도 그 해는 마침 이우가 작고한 지 한 갑자甲子가 되는 때라 더욱 감회가 깊었던 듯하다.

3) 목숨으로 지킨 종가의 혼

근대에 들어와서 죽유종가는 우리 민족사가 그러하듯이 자존감을 잃지 않으며 도도한 시대의 격랑을 헤쳐 왔다. 일제 치하에서는 종손 성열聖烈이 집에 거동서당居洞書堂을 열어 지역의 젊은이들에게 민족의식을 고취시키는 교육의 장으로 활용하였고, 나아가 3.1운동 때에는 고령 지역 만세운동의 산실로의 역할을 수행한 것이 대표적이다.

고령 지역의 만세운동은 3.1운동이 서울을 시발로 전국적으로 확산되어 가던 3월말 4월초에 집중적으로 일어났다. 당시 쌍림면 매촌리 출신 최경현崔卿鉉(1864-1927)은 인근의 대구, 합천 등지에서 만세운동이 활발히 일어남에도 고향에서는 아직 움직임이 없는 것을 아쉬워하여 종손 성열과 의논하여 3월 24일 종가에서 뜻을 같이 하는 서병직徐丙稷을 만났고, 이 자리에서 군민 대회를 열기로 의견을 모았다. 이어 이들은 이준이李俊伊, 최홍석崔洪錫, 전하성全夏誠 등 뜻을 같이하는 동지들을 규합하여 준비에 들어갔다. 그러나 불행히도 죽유종가의 수상한 움직임을 간파하

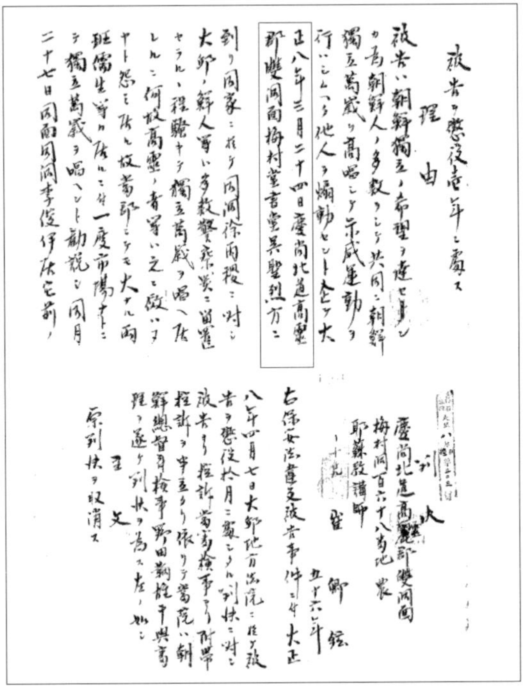

만세운동 관련 일제의 오성열 판결문(1919. 4. 23)

고 예의주시하던 일제에 의해 도중에 발각되어 가담자들은 검거되고 거사 계획도 중단되었다. 그 결과 최현경은 주동자로 지목되어 징역 10월형을 선고받았고, 성열은 증거 불충분으로 석방되었다.

이렇게 하여 비록 거사는 수포로 돌아갔지만 이들의 움직임은 이후 고령 지역 만세운동을 촉발시키는 중요한 계기가 되었다. 3월 29일 덕곡면 원송리에서 일어난 청년 배기석 주도의 만세운동과 4월에 우곡면에서 일어난 수차례의 거사, 4월 6일 고령 박씨 박재필이 우곡면 도진리에서 열린 자신의 문중 행사에서 주도한 궐기, 이어 4월 8일 박채환이 이끈 시위 등이 이에 자극받아 일어난 만세 운동들이다.

자신들이 몸담은 시대의 아픔을 외면하지 않고 이를 정면으로 끌어안으려 노력했던 죽유종가 사람들의 행동은 이후에도 지속되어 일제하 일부 문중 구성원들의 사회주의 참여로도 이어졌다. 우리 독립운동사에서 사회주의는 이데올로기이기 이전에 독립을 위한 방편이었다. 러시아 혁명 이후 제국주의로부터 독립을 염원한 약소민족에게 그것은 새로운 돌파구 가운데 하나였기 때문이다. 우리 독립운동사에서 이를 전형적으로 보여주는 사례가 임시정부 초대 국무령을 지낸 석주石洲 이상룡李相龍(1858-1932)이다. 안동의 유력 종가인 고성이씨 임청각臨淸閣의 17대 종손이었던 그는 간도 망명 이후 독립운동에 헌신하는 과정에서 사회주의의 이상이 유학이 추구한 대동세계의 이상과 상통하는 점이 있다고 보아 이에 대한 글을 남겼다. 당시 경북지역 종가의 종손 가운데 적지 않은 사람이 사회주의에 참여한 데에는 이런 맥락이 가로 놓여 있다. 죽유종가 사람들의 선택 또한 마찬가지이다. 그것은 큰 원칙에서 벗어나지 않는 한, 현실의 악을 개선하는 데 필요한 것이라면 마땅히 선택하는 것이 합당하다는 가문의 실사구시 정신의 발로였던 것이다. 이 때문에 한국전쟁 때는 본의 아니게 종가가 지역의 노동당 사무실로 징발되는 불행도 겪었지만 말이다.

이런 가운데 종가의 혼을 지켜내는 과정에서 겪은 가슴 아픈 이야기도 전해내려 온다. 1920년 경신년 대홍수 때의 일이다. 집 앞을 흐르는 송림천이 범람하자 집안사람들은 조상의 신주를 모신 사당의 감실을 포함하여 그야말로 최소한의 필수 물품만 소지

경신년 대홍수 당시 죽유의 신주가 모셔져 있던 감실

하고 피난에 나섰다. 그중 등에 아기를 업고 가슴에는 감실을 안은 종부 광주노씨(현 종손의 증조모)도 있었다. 그러나 순식간에 불어난 냇물은 도강을 쉽게 허락하지 않았다. 중간으로 들어갈수록 거세어지는 물살 속에서 광주노씨는 행여나 조상의 신주를 놓칠까 가슴에 안은 감실을 더욱 바짝 끌어안았다. 순간 등에 업은 아이가 물에 휩쓸렸다. 아이를 구하려면 감실을 놓아야 하는 상황, 하지만 그녀는 그렇게 할 수 없었고, 결국 아이는 물살에 떠내려가고 말았다. 앞에 있는 감실에 신경을 쓰는 순간 뒤에 있는 아이는 어떻게 손쓸 여력도 없이 물살에 쓸려간 것이다. 감실과 아이라는 양자택일의 문제이기 이전에 종가 사람들에게 종가의 혼이 얼마나 중요한지를 보여주는 일화가 아닐 수 없다.

한국전쟁이 일어났을 때 종가의 유물을 지키기 위해 애썼던 14세손 주호(현 종손의 부친)의 목숨을 건 노력도 마찬가지이다. 그가 남긴 회고에 따르면, 전쟁이 발발하자 다른 집 사람들은 그야말로 남부여대男負女戴하여 먹거리랑 이불 보따리를 짊어지고 피난을 떠났는데 죽유종가의 사람들은 그러지 못했다. 대신 조상의 귀중한 유물들을 이고지고 산을 넘어 먼저 피난시켰고, 그마저도 모두 가져오지 못해 멀리까지는 가지 못하고 밤이면 몰래 집에 들어와 남은 유물을 지키곤 했다고 한다. 오늘의 죽유종가는 그 혼을 지켜내고자 애썼던 사람들의 이와 같은 노력의 결과인 것이다.

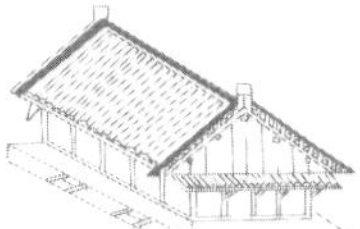

제4장 기록유산에 스며있는 종가의 자취

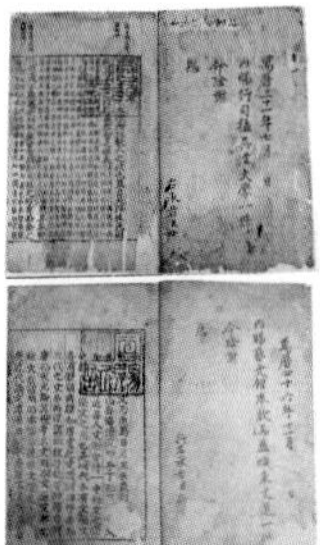

1. 죽유종가 기록유산의 현황

역사가 오랜 만큼 죽유종가에는 전해오는 유물도 많다. 대표적인 것이 고서와 고문서 등의 기록유산이다. 죽유종가에 소장되어 있는 기록유산은 그 문화재적 가치를 인정받아 1991년 3월 25일 경상북도의 유형문화재 제257호로 지정되었고, 이어 1994년 7월 29일 〈오운 종가 문적〉이라는 이름으로 대한민국 보물 제1203호로 일괄 지정되었다. 내용은 고문서 7종 110점, 고서 7종 12책 등 모두 14종 122건이다.

이 가운데 고서는 『대학장구대전大學章句大全』(1책, 목판본)을 비롯하여 『동문선東文選』(5책, 훈련도감자본), 『노주연송덕시회편勞酒宴頌德詩會編』(1책, 갑인자본) 등 간본刊本 3종 7책과 『한구소시韓歐

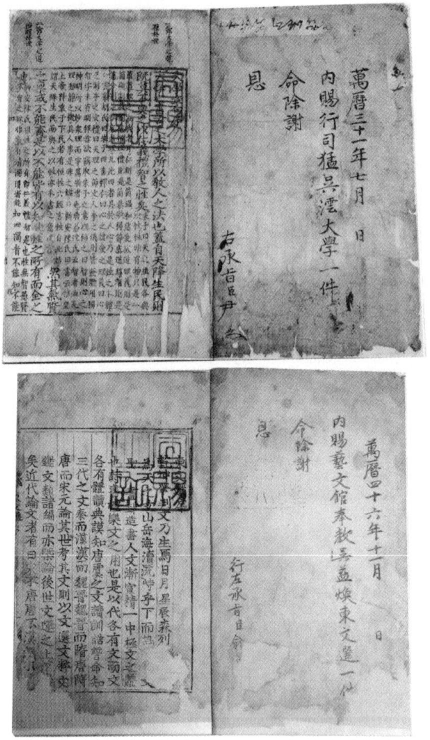

내사본 『대학장구대전』(위)과 『동문선』(아래)

蘇詩』(2책), 『시원창수첩試院唱酬帖』(1책), 『매촌동약梅村洞約』(1책), 『양세유묵兩世遺墨』(1책) 등 필사본 4종 5책이다. 이 가운데 『대학장구대전』은 죽유가 64세(1602, 선조 35)에 선조로부터 하사받은 내사본內賜本이고, 『동문선』 또한 비록 낙질본이기는 하지만 죽유 사후 1년 뒤인 1618년(광해군 10)에 손자 익환에게 내린 내사본이

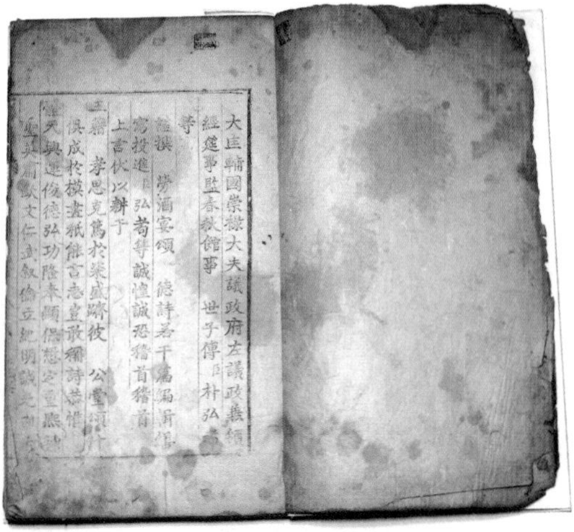

『노주연송덕시』

다. 죽유의 연보에 따르면 한 해 앞인 63세(1601, 선조 34) 때에도 『소학小學』 1책을 하사받은 것으로 되어 있으나 목록에는 없다.

『노주연송덕시회편』은 1620년(광해 12) 3월 임금이 한 해 농사의 시작을 선언하는 의례로 선농단先農壇에서 제사를 행하고 상징적으로 농사짓는 밭인 적전籍田에서 밭갈이를 한 후 베푼 주연에 참여했던 신하들이 올린 송덕시를 모은 것이다. 당시 출간된 유일본으로서 자료적 가치가 높다. 그리고 『양세유묵』은 죽유와 둘째 아들 여벌 부자의 필적을 모은 것으로 서예사 연구의 좋은 자료이다. 이밖에 『한구소시』는 앞서 살펴본 대로 죽유의 조부 언의가 이해, 이황 형제와 함께 중국의 한유와 구양수, 소식의 시를 선별하여 엮은 책이다. 이황과 죽유의 숙부인 춘당春塘 오수영吳守盈(1521-1606)의 글씨도 함께 채록되어 있다. 이황의 문인인 수영은 글씨에도 뛰어나 매헌梅軒 금보琴輔(1521-1584), 매암梅巖 이숙량李叔樑(1519-1592)과 함께 선성宣城(현 안동 예안) 삼필三筆로 불렸다. 『매촌동약』 또한 앞서 살핀 대로, 8세손 경정이 만든 매촌리 동약의 규약집이다.

고문서는 시대별로 보면, 1561년(명종 16)에서 1755년(영조 30)에 걸친 기간에 만들어진 분재기分財記 17점을 필두로 1585년(선조 18)의 입안立案 1점, 1592년(선조 25)의 전령傳令 1점, 1592년(선조 25)에서 1616년(광해군 8) 사이에 죽유와 후손들에게 내려진 교지류敎旨類 57점(죽유 16, 여은 33, 익환 8), 1617년 죽유의 장례에 광해가 내린 사제문賜祭文 1점, 1615년에서 1623년(인조 1)에 이르는 시기 여은과 익환 부자에게 발급된 유지有旨 10점(여은 7, 익환 3) 그리고 1669년(현종 10)에서 1844년(헌종 6)에 걸친 시기에 만들어진 집안 호구단자戶口單子 등 7종 110점이다.

이들 중 분재기와 입안, 호구단자 등의 문서는 죽유종가의 경제력 등을 추정해 볼 수 있는 자료라는 점에서 중요한 의미를 지닌다. 주로 임진왜란과 관련 있는 유지와 전령, 교지류 또한 당시의 역사를 연구하는 데 의미있는 사료이자, 죽유로부터 익환에 이르는 3대의 관직 이력을 살피는 데에도 없어서는 안 되는 자료들이다.

2. 기록유산을 통해 본 죽유종가의 사회경제적 기반

고문서 가운데 관청에서 발급한 호구대장인 준호구準戶口와 재산 상속문서인 분재기는 죽유종가의 사회경제적 기반의 얼개를 잘 보여준다. 먼저 준호구의 경우 모두 57점이며, 시기적으로 1669년부터 노비제가 폐지되는 1894년 갑오개혁 때까지 약 220여 년간의 문건이 전해온다. 익환의 손자인 4세손 필주가 31세 때(1669)에 만든 것이 가장 이르다. 이들 문건의 호주는 종가의 봉사손에 국한되지 않고 형제들까지 포함되어 있다. 이는 방계의 문서들이 보존과 관리 등의 이유로 종가에 보관되는 경우가 있었기 때문으로 추정된다. 이들 준호구 가운데 생성 연도가 확인되는 것들에 국한하여 거기에 표기된 호주들의 거주지를 보면, 다음에 보듯이 영주와 성주, 고령에 집중되어 있는 특징을 보인다. 초기 거주지인 함안과 의령을 제외하면 종가와 방계로 이루어진 죽유 문중의 사회경제적 기반이 거의 이 세 지역에 집중되어 있음을 엿볼 수 있게 해주는 자료이다.

【종가 소장 준호구의 호주 거주지】

행정단위	읍면리	해당 준호구	
		생성 연도(년)	호주가 봉사손인 문건(호주)
영천(영주)군	이산면山伊里 초곡草谷	1669	1669(필주)
성주목	남면南面	1684	
	남면 지사아방只士牙坊 사창리社倉里	1690, 1713, 1720	
고령현	서면西面 하동방下洞坊 매촌리梅村里	1723, 1738, 1741(2건), 1744(2건), 1744(2건), 1750, 1756, 1759(2건), 1762, 1765, 1768, (2건), 1771, 1774, 1789(2건) 1789(2건), 1792, 1795, 1798(2건), 1807, 1828, 1837, 1840, 1891, 1894	1774(현창) 1786(현창) 1789(현창) 1792(경정) 1798(경정) 1807(경정) 1828(응한) 1837(응한) 1840(응한)
	남면 하며방下旀坊 하라배리河羅背里	1813	
	남면 하며방 사부리沙鳧里	1822	

고령현	남면 우촌방愚村坊	1837	
	남면 우촌방 야옹정리野翁亭里	1843, 1846, 1849, 1852, 1858, 1861, 1864, 1867, 1870, 1873, 1876	
	남면 우촌방 아곡리鵝谷里	1878, 1882, 1885	

(자료 출처: 김용만, 「죽유 오운 종손가의 사회경제적 기초」)

그런데 자료의 범위를 호주가 아니라 거기에 기재된 노비들의 거주지로 확대하면 종가를 포함한 죽유 문중의 세력권은 좀 더 넓어진다. 편의상 위 준호구 가운데 1669년과 1723년, 1750년 준호구에 기재되어 있는 외거노비(주인과 다른 지역에 거주하는 노비)들의 거주지를 살펴보면 다음과 같다.

【종가 소장 준호구 3점의 노비 거주지】

준호구 (생성연도)	외거노비 거주지(명)
1669	고령(8), 성주(7), 창녕(4), 의령(4), 금산(2), 함안(2), 황간(1), 밀양(1), 홍주(1), 임천[부여](1), 대구(1), 선산(1), 칠곡(1), 순천(1), 청도(1)
1723	의령(35), 영주(12), 성주(7), 함안(6), 삼가[합천](6), 선산[구미](5), 진주(4), 고령(4), 금산(2), 창원(2), 초계[합천](1), 웅천[보령](1), 합천(1), 칠곡(1)
1750	의령(24), 영주(10), 선산[구미](4), 성산[성주](3), 진주(2), 웅천(2), 함안(1), 영산[창녕](1), 하동(1), 삼가(1)

(자료 출처: 김용만, 「죽유 오운 종손가의 사회경제적 기초」)

이를 통해 죽유문중의 사회경제적 기반이 기본적으로 의령, 고령, 영주, 성주 등 종가가 옮겨 다닌 지역을 중심으로 하되 멀리는 전라도와 충청도까지 일부 걸쳐 있음을 확인할 수 있다. 인조반정 이후 정치적으로는 타격을 받았지만 혼반과 학연 등 당시 사대부 가문의 일반적인 인적 네트워킹에 의거하여 죽유문중의 실질적인 가세는 그리 위축되지 않았음을 알게 해주는 자료이다.

전통시대 사대부 가문의 재산형성 경로는 호주의 친가와 외가, 처가 등으로부터 상속 받은 재산에 의한 것이 대부분이다. 이 점은 죽유종가도 마찬가지이다. 현재까지 전하는 분재기를 보면 먼저 죽유 본인의 경우, 부친으로부터 사마시와 대과 급제 등의 경사에 따라 사전 상속에 해당하는 별급別給을 3회에 걸쳐 받았고, 부친이 작고한 1574년(선조 7)에는 이복 남매를 포함한 10남매가 집안의 재산을 정식으로 상속받았으며, 이어 1576년(선조 9)에는 처가의 재산상속에도 참여하여 상당한 재산을 물려받았다.

아들 여은 역시 아버지로부터 물려받은 기본 재산에다 과거급제로 친가는 물론 장인인 박정완으로부터도 노비와 전답 등을 상속받아 종가를 꾸렸다. 여은의 재산의 경우, 그가 유배지에서 작고했을 때 장남인 익환 역시 유배되어 있었던 관계로 사후 바로 분재되지 못하고 익환이 돌아온 이듬해인 1638년(인조 16) 부인 고령박씨에 의해 자식들에게 분재되었다. 이때의 분재기에는 고령박씨가 고령 도진리에 있는 전답을 다섯 자녀에게 함께 분배한다는 내용이 기재되어 있는데, 이는 종가의 재산형성이 외가 쪽을 통해서도 활발하게 이루어졌음을 보여주는 실례이다. 익환이 이때 상속받은 도진리의 전답은 그의 손자인 필주 대에 작성된 형제간 화회문기和會文記(부모가 생전에 재산을 미처 나누어주지 못하고 관련 유언도 없이 죽었을 때 형제들이 합의하여 작성하는 재산 분배 문서)에서도 그대로 확인된다. 종가의 재산 형성 경로를 실증적으로 보여주는 자료이다. 앞서 외거노비들의 거주지 자료로 살펴본 죽유종가의 사회경제적 기반은 기본적으로 이와 같은 과정을 통해 형성된 것이다.

이들 자료들을 종합하여 죽유종가의 가세를 보면, 죽유의 경우 전답 1,200여 마지기에 노비 80여 구口의 재산을 가지고 있었고, 아들 여은은 전답 400여 마지기에 노비 60여 구 정도, 그리고 증손자인 3세손 숙 대에는 전답 440여 마지기에 노비 110여 구 규모의 재산을 소유한 것으로 추정된다. 시대에 따른 부침은 있었지만, 크게 보아 재지사족으로서 활동하기에 큰 무리가 없는 가세를 줄곧 유지해 왔던 셈이다.

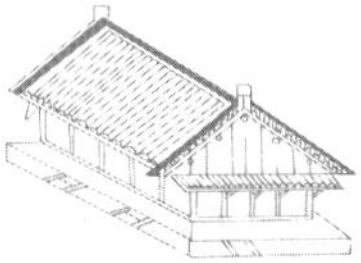

제5장 기본에 충실한 실용의 미학 - 입지와 건축 그리고 의례

1. 후덕함과 검소함의 조화 – 입지와 건축

죽유종가의 건축과 의례를 보면 "예의 생명은 화려함보다 검소함에 있다[禮, 與其奢也寧儉]."라고 한 『논어』의 구절이 떠오른다. 종가 건축이나 제례로 상징되는 의례 모두 화려함이나 장중함보다는 기본에 충실한 검소함에 비중을 두는 것을 특징으로 하기 때문이다. 역시 실사구시를 생명으로 하는 가풍의 발현으로 여겨지는 부분이다.

종가는 경북 고령군 쌍림면 송림리 104번지(송림2길 70)에 위치해 있다. 이곳은 종가가 고령으로 처음 입향했을 때의 위치가 아니다. 원래 입지는 앞의 준호구에 나타나 있는 호주의 거주지를 통해서도 알 수 있듯이 쌍림면 매촌리였다. 현재의 위치로 이

주한 것은 1920년 경신년 대홍수로 기존의 종택이 크게 훼손된 것이 계기였다. 고령으로 이주한 6세손 후침의 대에 작성된 분재기(1723)의 호주 거주지가 매촌리로 되어 있는 것이 그 증거이다.

현재의 죽유종가는 미숭산美崇山 끝자락에 안림천安林川을 마주하고 앉아 있다. 미숭산은 경북 고령군 대가야읍과 쌍림면 그리고 경남 합천군 야로면에 걸쳐 있는 757m 높이의 산이다. 이 산의 원래 이름은 상원산上元山이었다. 이것이 미숭산으로 고쳐 불리게 된 데에는 비운의 사연이 전해온다. 고려의 장군으로 이미숭李美崇(1346-?)이라는 사람이 있었다. 포은圃隱 정몽주鄭夢周(1337-1392)의 문인이다. 그는 이성계李成桂(1335-1408)가 고려를 멸망시키고 조선을 건국하자 뜻을 같이 하는 사람들을 규합하여 군사를 일으켰다. 처음에는 충청도 미산尾山(보령)과 강경 등지에서 대항하였는데, 전세가 불리하자 경상도 김천의 덕대산에 들어가 성을 쌓고 싸웠다. 하지만 이 역시 역부족이어서 금릉과 성산을 거쳐 마지막에 상원산으로 들어가 다시 성을 쌓고 후일을 도모하고자 하였다. 그러나 일이 뜻대로 되지 않아 종국에는 절벽에 몸을 던져 순절하였다. 지금도 정상 주변에는 그때 쌓은 산성의 성터와 성문 잔해가 있어 당시의 충절의 역사를 말없이 전하고 있다.

종가의 배산임수 입지조건의 나머지 한쪽 배경을 이루는 안림천은 합천의 가야산 해인사 골짜기에서 발원하여 대가야읍에서 대가천과 합류한 후 낙동강으로 흘러든다. 비록 규모는 작지만 딸기로 유명한 고령의 옥답을 적시는 후덕한 강이다. 충절과 후덕의 입지, 종가가 터 잡기에는 더할 나위없는 자리인 셈이다.

죽유종가를 찾아가는 여정은 고령읍에서부터 시작된다. 읍내에서 서쪽 쌍림면으로 방향을 잡아 가다보면 면소재지에 쌍림면사무소가 나온다. 여기서부터 안림천변을 따라 달리는 26번 국도를 이용해 큰 산굽이를 하나 돌아 들어가면 멀리 미숭산이 눈에 들어오고 오른쪽으로 마을과 밭두덕들 너머 서원 하나가 나타난다. 매림서원梅林書院이다. 1707년(숙종 33)에 지역 유림이 공의로 매헌梅軒 곽수강郭壽岡(1619-1660)과 한계寒溪 오선기吳善基(1630-1703)의 학덕을 기리기 위해 세운 서원이다. 이 서원을 스치며 시선을 다시 서쪽으로 조금 더 이동시키면 마치 자신을 드러내지 않으려는 듯 숨어있는 고택 하나가 한순간 시야에 들어온다. 죽유의 유업을 잇는 후손들의 구심점 죽유종가이다.

종가 바깥마당에 들어서면 앞에 솟을대문이 우뚝하고, 오른쪽으로 얼마간의 사선 방향에 사당이 자리잡고 있다. 그리고 다시 오른쪽으로 사당 담장 옆에는 2009년 세워진 〈고령 고창오씨 죽유공파 세거비〉가 아직 세월의 두께를 기다리는 듯한 모습으로 서 있다. 발걸음을 옮겨 솟을 대문을 들어서면 정면에 팔작지붕에 정면 4칸 측면 3칸 규모의 사랑채가 맞는다. 종가나 고택 하면 으레 기대되는 전통창살 문양이 아니라 칸 당 세 개씩 달려 있는 열두 폭 문이 모두 아래에서 위로 4분의 1 지점부터 유리가 끼

죽유종가 전경

죽유종가 옆에 있는 고창오씨 죽유공파 세거비

워져 있는 근대식 미닫이 문이라서 순간 방문자를 당황스럽게 할 지도 모른다. 옆에 있는 기둥과 달리 세월의 흔적 같은 것이 느껴지지 않기 때문이다. 하지만 '아! 이것이 오히려 이 집의 특징이구나' 하고 생각하면 눈길이 새로워진다.

종가도 사람이 사는 집이다. 거기 사는 사람들은 민속촌의 올망졸망한 옛집들에서 짐짓 선조들의 생활을 흉내내며 근무하는 연기자들이 아니다. 이것은 사람들이 역사가 있는 집을 방문할 때 갖는 선입견 가운데 하나를 이제는 떨쳐내야 함을 의미한다. 언필칭 고색창연함에 대한 기대 말이다. 종가도 사람사는 집인 이상 추위를 막고 더위를 피하는 편의를 갖추는 건 당연하다. 여기서 실사구시의 가풍을 다시 떠올린다면 지나친 억지 춘양일까?

하지만 그렇다고 죽유종가의 사랑채가 옛 것을 잃었다고 속단하면 곤란하다. 실망시킨 유리창호 문을 열고 안을 들여다보는 순간 이 점은 바로 증명된다. 예의 굵고 늙은이 등처럼 구부러진 들보가 떡하니 지붕을 받치고 있고 그 위로 참빗 얼개같이 촘촘한 서까래가 천장 회벽 사이로 박혀 있는가 하면, 금방이라도 안채를 향해 열릴 듯한 판문板門이 정면에서 방문객을 맞이하기 때문이다. 판문 위 시렁 위에 얹혀 있는 제상祭床들은 이 집이 결코 역사가 만만한 집이 아니라는 것을 침묵으로 웅변하는 보충 증거이다.

이 집이 결코 내세우기를 좋아하는 집이 아님은 사랑채 대청의 판문 오른쪽 위, 방문으로 통하는 구석진 자리에 걸려 있는 편액이 한 번 더 증명해 준다. '죽유구택竹牖舊宅!' 후침이 고령으로 종가를 옮긴 후 후손들이 1700년대 말에 종가를 새로 짓고 붙인 이름이다. '구택舊宅', 부득불 새로 지었지만 연원은 오래된 집이라는 뜻의 수수한 당호堂號이다.

실망감을 역시나 하는 기대감으로 채워 준 사랑채를 나와 다시 안채 방향을 향하면 왼쪽으로 중사랑채가 있다. 이곳이 바로 일제시대 지역의 젊은이들에게 민족의식을 고취시키기 위해 종가에서 운영하였던 서당 공간이다. 지금은 잡동사니를 보관하는 곳으로 쓰여 허투루 보일지는 몰라도 그 무게감만큼이야 어디 가겠는가?

중사랑채와 정확히 반대되는 지점인 사랑채 오른쪽에는 '운양각雲陽閣' 이라는 편액이 붙은 건물이 있다. 종가의 자존심이 보관되어 있는 유물각이다. 여기에는 고문헌을 필두로 하는 종가의 기록유산 외에도 말안장과 상아홀, 화로, 목판 등의 유물들이 정성껏 보존되어 있다. 이 운양각은 앞의 중사랑채와 함께 맞배지붕 구조이다.

사랑채와 운양각 사이 또는 사랑채와 중사랑채 사이의 통로를 지나 앞으로 나아가면 사랑채보다 규모가 조금 더 큰 안채가 '백화당百和堂' 이라는 편액을 걸고 마지막으로 넉넉하게 자리를 잡고 앉아 있다. 사랑채와 마찬가지로 팔작지붕에 정면 5칸 측면 3칸 건물이다. 그 가운데 오른쪽으로부터 왼쪽으로 연이어지는 정면 4칸 16폭 문은 사랑채와 마찬가지로 아래에서 위로 4분의 1 되는 지점부터 유리가 끼워져 있는 근대식 미닫이 문이다.

안채의 당호인 백화당은 지금 종손의 모친인 노종부가 직접 쓴 글씨로 2010년에 가족들이 모여 함께 게시한 것이다. 집안은 모름지기 온갖 화애로움이 넘쳐나는 것이 최고라는 뜻이다. 평생을 종가 살림을 꾸려오며 문중의 대소사를 안에서 조용히 평화

죽유구택 현판(글씨: 성파星坡 하동주河東州(1869~1943))

백화당 당호 편액(14대 종부 친필)

죽유종가 뒤편의 배롱나무

롭게 조율해 온 노종부의 삶의 철학이 물씬 묻어나는 당호이다.

입구에서 보았을 때 본채 우측에 있는 사당은 삼문三門에서 사당으로 이어지는 중심축이 본채의 그것과 비교할 때 뒤로 가면서 벌어지는 사선斜線 구도를 이루며 자리잡고 있다. 정면 3칸 측면 1칸 규모의 이곳은 주거공간인 본채와 달리 단청으로 정갈하게 단장되어 있어 한눈에도 조상을 모시는 사당임을 알게 해준다. 사당 안에는 불천위인 죽유를 비롯하여 사대봉사의 예법에 따라 현 종손의 사대조상의 신주가 경건하게 모셔져 있다. 종가가 지니고 있는 이와 같은 조선시대 사대부 문화의 자료적 가치를 인정받아 현 종가는 2001년 경상북도기념물 139호로 지정되었다.

이상에서 보듯이, 죽유종가의 건축물은 화려하거나 장중하여 사람을 기죽이지 않는다. 대신 그것은 생활공간으로서의 실용성과 편안함을 갖추고 있다. 남의 시선을 의식한 건축이 아니라 그 속에 사는 사람들의 일상을 더 중시한 건축, 『논어』의 표현을 차용한다면 '위인지가爲人之家'가 아니라 '위기지가爲己之家'인 것이다. 하지만 뜨거운 여름 내내 주위의 초록에 결코 압도당하지 않고 피어나는, 사당과 본채 사이 뒷동산 배롱나무(백일홍)의 붉은 꽃무리는 이 집이 주는 그런 편안함이 한갓된 것이 아니라 이곳을 스쳐간 사람들의 삶에서 묻어나는 웅숭깊은 향기에서 비롯된 것임을 웅변해준다. 배롱나무를 달리 선비목이라 부르겠는가.

2. 허례보다 실질에 방점을 두다 - 의례

죽유종가의 주요 의례는 다른 종가와 마찬가지로 제례가 중심을 이룬다. '봉제사奉祭祀, 접빈객接賓客'이라는 말도 있듯이, 예로부터 제사는 종가의 으뜸가는 행사이다. 죽유종가의 제사는 불천위 제례를 포함하여 연간 모두 11회이다. 그리고 묘사는 음력 10월 첫째 주 토요일 죽유의 묘소가 있는 영주에서 열려 고령으로 나들이할 기회가 상대적으로 적은 영주에 있는 문중 사람들도 많이 참가한다.

묘사의 제수는 주酒·과果·포脯 즉 술과 과일 그리고 포 세 가지만으로 검소하게 지낸다. 처음부터 집안에 전해오던 예법은 당연히 아니다. 허례허식을 싫어하는 현 종손의 성향과 제사에 참가하는 젊은이들이 갈수록 줄어들어 연로한 문중 어르신들이 제수를 묘소까지 날라야 한다는 현실적인 어려움 등을 고려하여 종손이 근래 내린 결정이다. 대신 묘사가 끝나면 종손이 문중 어르신을 비롯하여 참가자들을 인근의 식당에 모시고 식사를 대접하며 혈연의 우의를 다진다. 격식보다 실용을 택하는 가풍을 확인할 수 있는 또 다른 현장이다.

종가를 대표하는 불천위 제례는 죽유의 기일인 음력 3월 3일에 거행된다. 절차는 일반적인 제례 예법과 크게 다르지 않다. 먼저 준비 과정으로 제사를 모시는 장소인 사랑채 대청과 제기 등의 제구祭具를 사전에 점검하고, 정성을 기울여 제수를 마련한 뒤 이를 제상에 차리는 진설陳設의 절차를 밟는다.

진설이 끝나면 종손이 봉사손의 자격으로 사당으로 나아가 신주를 제사 장소로 모셔온다. 출주出主라는 절차이다. 이 과정을 거쳐 신주가 대청으로 나오면 제상 뒤쪽 중앙 자리에 모시고, 신주를 맞이하는 의식인 참신參神을 행한다. 다음은 강신降神이다. 조상의 혼이 강림하기를 기원하는 절차로서 분향焚香과 뇌주酹酒로 이루어진다. 강신 절차를 통해 조상의 혼이 제상에 강림하면 이어 진찬進饌, 즉 사전 준비과정에서 진설하지 않는 제수를 올리는데, 식어서는 안 되는 생선, 고기 등의 제수들이 이때 상에 올라간다.

진찬이 끝나면 본격적인 제사 절차가 개시된다. 먼저 초헌初

죽유종가 불천위 제례(종부의 아헌亞獻 장면)

獻이다. 종손이 술잔을 올리고, 이어 축문을 읽어 제사를 봉행하는 뜻을 고한다. 다음은 두 번째 술잔을 올리는 아헌亞獻인데, 죽유종가에서는 법도대로 종부에게 이 역할이 주어진다. 아헌이 끝나면 마지막으로 종헌終獻이 이어진다. 통상 제사 참가자 가운데 연장자가 맡는다. 이렇게 세 번의 헌작獻爵이 끝나면 제수에 수저를 상징적으로 꽂아 조상에게 음식을 권하는 유식侑食을 거쳐 잠시 조상의 흠향을 기다리는 합문闔門 의식을 행한다. 죽유종가는 제상 뒤에 세운 병풍의 양 옆 마지막 날개를 제상 중심을 향해 접어들이고 참가자들이 그 앞에 잠시 부복하는 방식으로 이 절차를 진행한다. 이어 조상의 흠향이 끝나면 병풍을 젖히는 계문啓門을 행한다. 제사 본행사의 마지막이다.

다음은 정리 절차이다. 일반적인 제례예법에서는 식사 후 차를 올리는 진다進茶 절차가 있으나 죽유종가에서는 이를 행하지 않고, 신주를 바로 수습하여 종손이 사당으로 다시 모신다. 조상의 신주를 송별하는 이 사신辭神의 절차가 끝나면 봉사손이 제상 앞에 무릎을 꿇고 축문을 태우는 소지燒紙 의식을 행한다. 이 과정이 모두 끝나면 제상을 물리는 철상撤床을 진행하고, 이어 조상의 음덕을 제사 참가자들이 나누어 갖는 음복飮福을 행한다. 철상 전에 참가자들이 제상 앞에 앉아 기념사진을 찍는 것도 죽유종가 고유의 풍습이다.

불천위 제례와 관련하여 죽유종가의 또 다른 특징 가운데 하나는 제사 시간이다. 제사를 기일이 시작되는 날 자정에 지내는 통상적인 예법과는 달리 죽유종가에서는 오후 8시에 지낸다. 제사 시간이 자정에서 이 시간으로 변경된 것은 2008년부터인데, 대구를 비롯하여 인근에 거주하는 문중 사람들의 참가 편의를 고려하여 현 종손이 결정한 조치이다. 당시 문중 어른들의 반대가 있었지만 제사는 시간보다 많은 후손들이 참가하는 것이 더 중요하다는 점을 들어 종손이 설득한 결과이다.

제수의 경우 특별한 것은 없으나, 야채는 생채를 안 쓰고 굽거나 익힌 것을 사용한다는 점과 돼지고기는 종손이 직접 삶고 적炙은 소고기만 사용한다는 점이 특징이라면 특징이다. 제주는 스무주라고 불리는 가양주를 쓰는데, 제사에 기본으로 사용하되 그해에 별도의 사연이 있는 제주가 따로 마련되면 그것을 쓰는 융통성을 두기도 한다. 참고로 제례 비용은 모두 종손의 자비로 부담하는데, 봉사손으로서 자기 책임 아래 집안을 이어간다는 의지를 엿볼 수 있는 대목이다.

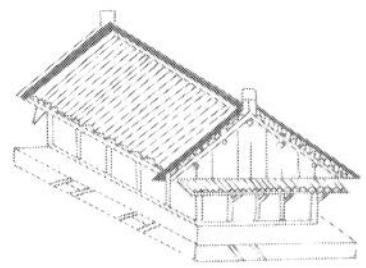

제6장 종가를 지키는 사람들

현재 400여 년 죽유종가의 전통을 잇고 지키는 봉사손은 15세 종손 용원容源이다. 2005년에 작고한 바로 윗대 종손 주호柱鎬(1931-2005)는 종가에서 태어나 초등학교(쌍림초등학교)까지 나온 후 중고등학교는 모두 대구에서 나왔다. 종가를 지키기 위해서는 변화하는 시대에 맞추어 신학문을 배워야 한다는 생각에서다. 주호는 본인을 포함하여 집안사람들이 사회주의 활동에 많이 참가한 전력 때문에 여러 가지로 애로가 많았음에도 온갖 난관들을 꿋꿋이 헤치며 종가를 지켜왔다. 종택과 소장 유물에 대한 문화재 등록도 모두 그의 손에 의해 이루어졌다. 자식에게 종가를 이끌어가는 부담을 조금이라도 덜어주기 위한 생각에서 행한 일들이다.

주호의 배필인 노종부 여재분呂再粉은 성산여씨 대종가에서 가지를 뻗은 지파 종가 출신이다. 1935년 생으로 올해 82세이지만 아직 정정하게 종가의 중심 역할을 한다. 친정 부모에 대해서는 아버지가 글을 잘 하고 성품이 조용한 선비풍이었음에 비하여 어머니는 굉장히 쾌활하여 두 분의 궁합이 잘 맞았다고 회상한다. 주호에게 시집와 슬하에 2남 3녀를 둔 다복한 삶을 살아왔다. 종부로서의 일생을 어찌 마냥 다복한 삶이라고 할 수 있을까마는 5남매가 무탈하게 커 모두 제 앞가림을 하고 있고, 또 지금도 제

14대 종손과 종부의 혼인식 모습

사 지내는 일이 제일 즐겁다고 하는 것을 보면 내심으로 종부로서의 삶이 힘들기만 했던 것은 아닐 성싶다.

죽유종가로 시집 온 내력을 묻자 친정 할아버지와 아버지가 돌아가신 후 집안 형편이 조금 기울고 혼기도 차던 차에, 집안사람이 성주군과 고령군을 통틀어 돌아가신 윗대 종손만한 사람이 없다는 말에 솔깃했다고 한다. 이것이 인연이 되어 '남자는 소와

한 가지니 어떻게든 잘 거두어야 한다' 고 남편 봉양을 당부하는 친정어머니의 말을 명심하며 고된 시집살이를 시작했다. 시어머니는 경주 양동의 농재聾齋 이언괄李彦适(1494-1553) 가문 출신으로 글도 잘 짓는 멋쟁이였지만 성품이 깐깐하고 엄했다. 이에 따라 집안 안살림은 대소사 가리지 않고 노종부의 몫이었다. 낮에는 문지방이 닳도록 드나드는 손님 접대와 밭일 집안일로 쉴 틈이 없었고, 밤에는 밤대로 시어머니로부터 가사 짓는 법과 붓글씨 쓰기를 배워야 하는 고된 일상이었다.

특히 자식 교육이 가장 힘들었는데, 과수농사를 지어 살림은 근근이 꾸려갔으나 교육비는 늘 부족하였다. 그런 가운데서도 자식들을 모두 훌륭히 가르칠 수 있었던 것은 다행히 자식들이 장학금으로 그 짐을 덜어주었기 때문이라며 환히 웃는다. 종부에게 대를 잇는 아들의 출산은 예나 지금이나 숙명같은 것이다. 노종부 역시 현 종손 용원을 낳기 전까지는 딸만 낳은 자격지심으로 밥도 부엌에서 먹고 그랬다고 한다. 그러니 살면서 가장 기뻤던 순간이 아들을 낳았을 때라는 말은 충분히 짐작 가능한 소회이다.

요즘의 근황을 물었더니 글하는 집안 출신 규수답게 틈틈이 서예도 하고 문화센터에 가서 『명심보감』과 『소학』도 공부하며, 때로는 노래교실에도 나간다고 전한다. 또 시간이 나면 동네 노인들에게 밥을 해주는 봉사활동도 한다니, 80이 넘은 노인으로부터 밥 봉사를 받는 그 노인들은 누굴까 하는 생각에 절로 미소가 머금어진다. 요새는 일상을 정리하고 밤에 일기 쓰는 것도 놓칠 수 없는 재미라는 말도 덧붙인다.

평생을 종가를 이끌어온 종부로서 집안의 젊은 사람들에게 당부하고 싶은 말을 하나 청하자 베푸는 것이라고 힘주어 말한다. 뭐든지 베풀어야 되고, 또 베풀어야 복이 온다는 이야기이다. 여기에 다른 것은 필요 없고 오직 아이들 잘 가르치는 일에 신경 써야 한다는 것도 빼먹지 않고 강조하였다. 그래서 넌지시 며느리인 현 종부에 대해 묻자 가르치면 야무지게 뭐든지 잘해서 이젠 더 가르칠 것도 바랄 것도 없다며 은근히 자랑한다. 그러면서 남은 바람이라면 자식들이 모두 건강하고 한창 자라는 손자들이 훌륭히 크는 것인데, 아들이 잘 하니까 그것도 염려되지 않는다며 사람좋은 웃음을 짓는다. 이러니 노년의 다복한 삶이 아닌가?

노종부는 윗대 종손과의 사이에 5남매를 두었다. 종손 용원을 기준으로 큰누나 해옥海玉과 둘째누나 정자貞子는 모두 지방 보건진료소장 일을 하고 있다. 첫째 사위는 안타깝게도 얼마 전 작고하였고, 둘째 사위는 중학교 교사로 근무하고 있다. 종손의 아래 여동생인 해실海實은 은행에 다니다가 퇴직하고 현재는 자녀교육을 위해 캐나다에 거주 중이다. 해실씨의 배우자인 셋째 사위는 같은 금융업 계통에 적을 두고 있다. 막내인 수헌修憲은 일찍 경찰에 투신하여 23년간 경북경찰청 인사팀장을 필두로 경

죽유종가의 사람들(2004년 추석에 찍은 일상. 앞줄에 앉은 사람과 오른쪽에 아이 어깨를 잡고 선 이가 14대 종손 부부이고, 중앙에 서 있는 두 사람이 현 15대 종손 부부이다.)

북지방경찰청의 여러 직책을 두루 거친 후 현재는 고향마을 파출소장을 역임하고 있다. 수헌씨의 배우자인 막내며느리 또한 보건의료 계통의 공직에서 일한다.

노종부가 믿고 의지하는 종손 용원은 이들 형제들과 함께 화목한 집안을 이루며 종가를 이끌어가고 있다. 대학에서 한문학을 공부하였는데, 전공을 살려 현재는 안동에 있는 한국국학진흥원 연구원으로 재직하고 있다. 종가의 자존심 가운데 하나인 이른바 글을 하는 종손인 셈이다. 용원의 첫 인상은 체격과 용모가 다부져 보인다. 일을 추진하는 방식도 적극적이면서도 한편으로 꼼꼼하여 직장 동료들 사이에서는 일명 '오지랖'으로 통한다. 그릇을 깰까 두려워하여 일을 사리는 스타일이 아니기 때문이다. 큰집 살림을 책임지고 꾸려온 경험이 습관으로 몸에 밴 결과일 것이다.

400년 전통의 종가를 이끄는 종손으로서 용원이 지금도 가슴에 담고 있는 가르침은 돌아가신 부친이 임종을 앞두고 건넨 당부이다. 용원이 기억하는 아버지는 한 마디로 엄부嚴父였다. 하지만 그 아버지를 대신하여 종가를 보존하고 있는 지금에는 부친이 자신을 왜 엄하게 키웠는지 알겠다고 말한다. 그는 평소 아버지와 시쳇말로 스킨십 한 번 해본 적이 없다고 회상한다. 하지만 종손으로서 자신이 어떻게 살 것인가에 대해 가장 많은 가르침을 준 사람은 단연 아버지라고 용원은 말한다.

윗대 종손 주호는 용원이 마흔 다섯 되던 해 작고하였다. 임종하기 하루 전쯤 그는 자식들과 대화를 나누다가 마지막으로 용원만 남기고 모두 물린 뒤 자신을 이어 집안을 이끌어갈 맏이에게 마음에 담아두었던 마지막 말을 했다. 종손의 길이 남들이 보기에는 대접만 받으면 되는 힘들지 않은 일처럼 보일지 모르지만 종가를 지켜나가는 일이 자신에게는 삶에서 가장 큰 일이었음을 고백하면서, 너한테 그런 무거운 중임을 맡기고 가는 것이 미안하다는 내용이었다. 이어 세상 살아가면 난관도 많고 마음에 들지 않는 일이 있더라도 항상 지손支孫들을 품고 가야하며, 종손이 참으면 작게는 가족부터 시작해서 크게는 문중 전체가 화목할 수 있다고 당부하였다. 화목이 무엇보다 종가와 문중을 바르게 인도하는 덕목임을 강조한 것이다. 그러면서 마지막으로 "내가 지금까지 너와 가까이 있으면서도 한 번도 안아본 적이 없다"며 지긋이 안아주던 부친의 모습이 지금의 자신을 지탱하는 힘의 원천이라고 용원은 말한다.

종손으로 태어나 자랐기 때문에 용원에게는 그와 관련된 기억이 많다. 대여섯 살 어릴 때부터 초등학교 2, 3학년 때까지 할아버지를 따라 퇴계선생 불천위 제사에 다녔던 기억도 그중 하나이다. 퇴계 불천위 제사는 1월이라서 낮이 길지 않다. 이 때문에 새벽에 집을 나서 버스를 타고 고령읍으로 나가서 시외버스로 대구 서부정류장으로 이동하고, 거기서 기차로 갈아타고 안동역에 도착한 후 다시 또 버스를 타고 도산에 들어가면 밤이 되는, 그야말로 온전한 하루가 소요되는 일정이었다. 하지만 그 여정은 어린 용원에게 종손으로서 사는 것의 무게감을 어렴풋이 느끼게 해준 경험이었다. 집에서 제사 지낼 때보다 훨씬 많은 제관祭官들이 시립해 있는 광경 등을 통해 종가문화의 엄숙함이 저절로 의식에 스며드는 기회였기 때문이다. 물론 사나흘 정도 머물면서 새로운 아이들을 만나고 다른 할아버지들로부터 용돈을 받아 호주머니 가득 돈을 넣어서 돌아왔던 기억도 어린나이에 그에 못지않은 즐거움이었지만 말이다.

용원의 원래 꿈은 군인이었다. 하지만 이런저런 일로 그 꿈을 이루지 못하고 대학에서 한문학을 전공하였다. 한때는 대학에서도 군인의 꿈을 저버리지 못해 해병 학사 장기사관으로 다시 도전해 보려했지만 이번에는 집안 어른들의 사회주의 활동 전력이 발목을 잡아 포기해야 했다. 용원의 동생 수헌이 경찰로 봉직하는 것이 가능했던 것은 김영삼 정부 들어 연좌제가 법으로 금지된 덕분이었다.

용원은 이처럼 집안 환경 때문에 자기 삶의 진로가 제약을 받은 것을 종손으로 살아오면서 받은 대표적인 어려움으로 꼽는다. 군인 대신 학자의 길을 택했을 때에도 자신은 서울로 올라가 제대로 그 길을 걸어보고 싶었지만 삶의 무게중심이 항상 종가에 놓이다보니 그마저도 여의치 않았다고 회상한다. 이 때문에 그는 자식들에게만은 꿈을 마음껏 펼칠 수 있게 해주고 싶다고 말한다.

물론 그렇다고 용원이 종손으로서의 삶을 후회하는 것은 아니다. 제사에 대한 생각이나 자녀 교육에 대한 신념, 이런 것들을 들어보면 그는 영락없는 종손이다. 부친이 돌아가시자 전통 예법에 따라 그는 삼년상을 치렀다. 당시에도 직장이 있어 빈소를 내내 지키지는 못했지만 아침저녁 상식上食은 반드시 손수 올리고 초하루와 보름 삭망제朔望祭도 거르지 않았다. 하지만 이 과정을 거치면서 비록 그 의미의 중차대함을 알지만 그렇더라도 전통 예법을 그대로 고수하는 한 종가를 지켜나가는 것은 난망한 일이라는 것을 깨달았다. 이 때문에 삼년상을 마치고 길제를 통해 정식으로 종손이 되자 문중 어른들을 모셔놓고 향후 종가를 이끌어나가는 데 있어 근간이 될 자신의 결심을 밝혔다. 그 가운데는 불천위 제례를 포함하여 모든 제사를 초저녁 제사로 바꾸는 것도 포함되어 있었다. 당연히 반대가 따랐다. 하지만 그는 만약 죽유할배가 이 자리에 계신다면 심야에 몇몇 노인들만 모여 제사 지내는 것과 초저녁이더라도 젊은 사람들까지 모두 참가하여 제사를 지내는 것 가운데 어느 것을 좋아하시겠냐는 논리로 설득하여 관철시켰다. 같은 맥락에서 묘사도 제수를 대폭 간소화하여 오전에 끝내되 정성에 비중을 두어 지내고, 대신 남는 경비로는 제사 참가자들에게 점심을 맛있게 대접함으로써 묘사가 문중 구성원들의 우의를 더욱 돈독하게 만드는 계기가 될 수 있도록 하였다. 그 결과 지금은 대부분의 문중 사람들로부터 환영을 받아 지파의 주손들도 자신들의 제사문화를 바꾸었다.

종손은 서른둘에 세 살 아래인 종부 문혜경文惠敬과 혼인하였다. 그가 배우자를 고를 때 고려한 것은 세 가지이다. 첫째는 처가의 가세가 자신의 집보다 우월해서는 안 된다는 것이다. 둘째는 외모는 눈에 띄는 것보다 평범했으면 좋겠다는 것이다. 셋째는 그 대신 지혜로운 사람이면 좋겠다는 것이다. 종손으로서의 자존심과 인생에 대한 나름의 통찰이 드러나는 조건들이다. 이런 조건을 충족하여 종손과 부부의 연을 맺은 종부는 시댁 올케들과 손아래 동서가 봉직하는 보건의료 계통의 공직에 근무하는 현역 직장인이다. 그럼에도 종손의 기대대로 바쁜 일상 속에서도 시어머니까지 모시는 어려운 종가 살림을 슬기롭게 꾸려가고 있다.

종손과 종부는 슬하에 아들 둘을 두었는데, 맏이는 대학에 진학하여 전통문화와 관련된 전공을 공부하고 있고, 둘째는 고등학교에 재학 중이다. 종손이 자식 교육에서 가장 중점을 두는 것은 부모의 솔선수범이다. 아버지의 삶을 지켜보며 종손으로서의 소양을 배웠던 자신의 경험으로부터 우러난 교육방식이다. 이 때문에 그는 주말에 안동 직장에서 대구 집으로 돌아오면 어떤 일이 있더라도 노모가 계시는 고령 본가에 들른다. 작은 규모지만 집의 농사일도 돌봐야하고 노모의 안부도 확인해야 하는 점도 있지만, 무엇보다도 그렇게 함으로써 자식들에게 무언의 가르침을 줄 수 있을 것이라는 기대에서이다. 아버지가 지렇게 고령 본가에 꼭 들르시는 것은 할머니가 계시고 사당이 있고 종택이 있기 때문이구나 하는 것을 알고, 또 그것을 통해 아이들이 언젠가는 자기 삶의 뿌리를 성찰하게 될 것이라는 믿음이다.

종손은 오늘의 종가를 있게 한 죽유 선조의 노블레스 오블리주 정신을 존경한다. 또 현실을 직시하며 주어진 여건에서 소임을 다하는 그런 실사구시의 정신이 종가의 가풍을 이루었다고 자부한다. 그러면서 종손으로서의 바람은 누구에게서라도 죽유종가는 따뜻하다는 말을 듣고 싶다고 말한다. 그러기 위해서 종손은 항상 포용하고 비록 손해를 보더라도 더 보듬고 베풀어야 하며, 종가는 항상 열려 있어야 한다고 늘 생각한다. 죽유 이래의 가풍을 계승함은 물론 화목과 베풂을 종손의 제일의 덕목으로 강조한 부모님의 가르침을 실천하는 삶이 아닐 수 없다.

참고문헌

오주호 발행 · 오기열 역, 『국역 죽유전서』, 고령문화원, 2000.

- 『동사찬요』
- 『죽유선생문집』

고창오씨대종회, 『고창오씨세보』, 2001.

고령대가야박물관 · 경북대 퇴계연구소 편, 『죽유 오운의 삶과 학문세계』, 도서출판 역락, 2007.

- 허권수, 「죽유 오운 - 강좌(江左)와 강우(江右) 문화의 융합자」
- 박인호, 「『동사찬요』에 나타난 오운의 역사지리인식」
- 김용만, 「죽유 오운 종손가의 사회경제사적 기반」
- 설석규, 「16세기 영남사림의 분화와 오운의 역할」
- 정우락, 「오운의 시세계에 나타난 홍(興)과 낭만주의적 성격」

우인수, 「고령 매촌동약의 특징과 동민의 결속」, 경북대 퇴계연구소, 『퇴계학과 한국문화』42호, 2008.

이수건, 『영남학파의 형성과 전개』, 일조각, 1995.

디지털고령문화대전(http://goryeong.grandculture.net)

조선왕조실록(http://sillok.history.go.kr)

한국역대인물종합정보시스템(http://people.aks.ac.kr)